TEA FLAVOR

茶風味學

焙茶師拆解茶香口感的秘密，
深究產地、製茶工序與焙火變化創作

Tea Flavor

Charming Choice 茶米店

藍大誠———— 著

目錄 Contents

9　　推薦序：楊適璟、簡天才、藍芳仁

12　　作者序

Chapter 1 ——————————————————

茶風味概念與品飲練習

17　　運用五感品飲一款茶

22　　茶風味創作與品飲需來自良好原物料

23　　從食物標準來看品飲標準

26　　茶湯入喉的「風味路徑」與「口腔拼圖」

29　　風味路徑定位——前中後段感受的時間

32　　口腔拼圖定量——香氣落點與密度廣度

34　　「成熟」與「熟成」香氣對應口腔位置

36　　茶湯也有「形狀」？感受質地的品飲練習

41　　從成熟度與部位看茶湯質地與香氣

43　　原物料、成熟工序、後天熟成交織而成的香氣種類

Chapter 2 ——————————————————

茶的風味藍圖與轉譯串接

48　　風味創作是由理性與感性交織而成

50　　擬定茶的風味藍圖

52　　平衡的風味最迷人

54　　環節角色們如何串接

　　　　·茶農——設定質地、品種香氣

‧製茶者──設定成熟度

‧烘焙者／精製者──設定烘焙香氣與走向

‧司茶者──設定茶湯風味萃取目標

‧侍茶者──想像茶與料理搭配變化並做最後呈現

71　不同飲品、食材、料理的共通性

74　如何餐搭 Paring

Chapter 3

從「日本綠茶」認識
原物料的重要性、職人精神

82　品飲觀念建立篇：日本茶是本質最純粹的表現

84　品飲觀念建立篇：抹茶帶給我的味覺驚艷

88　認識茶本質篇：抹茶‧宇治の昔

90　抹茶製程篇：茶農、製茶端、精製設定

93　看茶泡茶篇：司茶萃取──抹茶

96　延伸思考　製茶、保存、熟成的環境溫濕度

100　認識茶本質篇：煎茶‧宇治山

102　煎茶製程篇：茶農、製茶端、精製設定

105　看茶泡茶篇：司茶萃取──煎茶

110　延伸思考　水與茶，不同本質的結合

112　認識茶本質篇：玉露‧翠玉

114　煎茶製程篇：茶農、製茶端、精製設定

118　看茶泡茶篇：司茶萃取──玉露

122　延伸思考　任何茶都適合陳年嗎？

Chapter 4 ———————————————————————————
從「紅茶」認識拼配、發酵與熟成工藝

126　認識莊園紅茶篇：印度大吉嶺的莊園茶管理

130　認識茶本質篇：普特邦莊園・月漾 春摘

134　紅茶製程篇：茶農、製茶端

138　看茶泡茶篇：司茶萃取──月漾 春摘

142　**延伸工序　莊園茶精製**

144　認識莊園紅茶篇：塔桑莊園・喜馬拉雅謎境 春摘

148　紅茶製程篇：茶農、製茶端

150　看茶泡茶篇：司茶萃取──謎境 春摘

154　**延伸思考　跳脫茶色與名字既定印象**

156　認識茶本質篇：金萱紅茶・夏至

158　紅茶製程篇：茶農、製茶端

162　看茶泡茶篇：司茶萃取──夏至

164　**延伸創作篇：可遇不可求的蜜夏至**

166　看茶泡茶篇：司茶萃取──蜜夏至

170　**延伸思考　從「成熟」角度看蜜香**

172　認識茶本質篇：日月潭紅茶・紅玉

174　紅茶製程篇：茶農、製茶端

180　看茶泡茶篇：司茶萃取──紅玉

184　**延伸工序　紅茶精製與熟成**

Chapter 5 ——————————————
從「烏龍茶」認識風味創作、萃取變化

188　認識茶原料篇：突顯茶本質的風味設計思考

194　認識茶本質篇：玉山清香烏龍．2020 若芽

197　烏龍茶製程篇：茶農、製茶端

202　茶款創作篇：擬定烘焙企劃──2020 若芽

204　茶款創作篇：精製實作──清香型、二分火、四分火

211　看茶泡茶篇：司茶萃取──2020 若芽

215　延伸思考　焙茶師的風味理念

216　認識茶本質篇：冬片．年份茶 VINTAGE TEA 概念

220　認識茶本質篇：茶農、製茶端

222　茶款創作篇：擬定烘焙企劃──冬片

224　茶款創作篇：精製實作

227　延伸創作篇：冬片．紅水火候

230　看茶泡茶篇：司茶萃取──冬片紅水火

233　延伸思考　關於茶葉存放潛力

234　認識茶本質篇：玉山熟香烏龍．白露

238　茶款創作篇：設定風味目標──白露

242　茶款創作篇：擬定烘焙企劃──白露

249　看茶泡茶篇：司茶萃取──白露

252　延伸思考　茶葉保存不抽真空的原因

附錄：將茶風味實際帶到餐桌

261　茶搭台菜──談梅納反應、鑊氣

262　Pairing　花雕遇見櫻桃鴨×冬片紅水火

264　Pairing　醬爆三鮮×若芽·四分火

267　茶搭日本料理──談魚熟成技術

268　Pairing　炭烤熟成午仔魚一夜干×金萱紅茶·夏至

270　Pairing　熟成鮭魚菲力×日月潭紅茶·紅玉

273　茶搭甜點──談多層次工序堆疊

274　Pairing　焦糖香草布丁×宇治の昔

276　Pairing　檸檬瑪德蓮×玉山蜜香紅茶·蜜夏至

279　茶搭清酒──談發酵堆疊

280　Pairing　三諸杉Dio Abita×若芽·清香型

282　Pairing　山形正宗 赤磐雄町2017×玉山熟香烏龍·白露

推薦序 1

　　茶的風味來自茶樹的嫩芽葉，正因為是細膩的，必須有心放慢關注才能感知其中內容，因此常喝茶就能養成自己時時主動發現細節的習慣。然後經由體驗和學習，在細節中提升所有感官的各自敏銳又協同合作，用來識別各自差異變化和整體關聯影響。這正是建構個人品味時，分析與整合的基礎技巧。

　　品味要發揮功能，得持續累積多元多變的感知認知。茶的品質風味是豐富的，歸功於自然和工藝的充分融合，與蘊藏的千年文化和多國各地發展的飲茶習俗，相當適合拓展所需的品味視野。

　　認識茶的風味，就要從風味塑形承載的自然條件開始。茶樹生長範圍廣泛，遍佈多變的氣候地形土質等環境條件，再配合季節轉換一年多次製作茶葉，茶樹成長健康適應狀態不斷塑造著茶葉當下的內在特質。

　　等到嫩芽葉生長後採摘，依千年傳承演進的製作工藝生產茶類，或再加工進行拼配、薰香、調味、焙火等，人為技術無限創造著風味的精彩。再考量世界飲食文化習慣各有偏好，各地方的茶園經營在統合理念資源市場、自然條件和專業技能執行後，品質風味獨立了每一款茶葉的外在個性。

　　茶葉如此形形色色易變，正因品質風味明確記錄著所生長的環境自然與所經歷的工藝人文，各自表述產生的成果。喝茶品味便如同追溯著儲藏於茶葉中的本質個性與發生的所有過往，每個味道的存在、每個質地的觸動，一一的解讀著緣由、描述著真實事件、和透露可能發展的未來。

　　這本書就這樣地包含了所有，在個人的感官認知、莊園的自然條件、製茶師的製茶經驗、侍茶者的泡茶修為等，從不同立場觀點的專業面向，簡單描繪現實條

件狀態造就的風味，以及反向探索風味指出的現實條件狀態。風味連結了可以解釋的意義，所以有了依據清晰思考可以關心的或必須重視的因素，同樣有助於深入理解茶葉本質與風味個性。

品味雖是察覺風味，目的實是找出風味呈現的意義，擴大參考範圍的提供精準善用。跟著作者的引導，茶的品味有了清楚方向的延伸。用於檢視茶的風味意涵，配合喜好心情並恰當運作茶葉，喝茶是種享受。識別茶的風味特質，進一步理解更多茶葉經歷的真，有著交心的信賴珍惜，喝茶便多懂得欣賞。

從品味的角度見識茶的內涵淵博，我總是相信多懂一點茶，每個人都能找到多愛茶一點的理由。

知名作家、麗采蝶精品茶館總監

推薦序 2

近幾年，以茶湯入菜或以茶搭配餐食的 Tea pairing 在國際餐飲已蔚為風尚。藍老師在本書裡敘述著茶的風味與本質，讓我們更快速進入茶的世界，體驗茶藝的美好文化。

Thomas Chien 廚藝總監

推薦序 3

　　父親為兒子的新書寫序，是的。大家一定以為兒子是耳濡目染，茶專業知識來自父親傳承，其實完全不是。應驗「生活週遭皆博士」這句話，只要你用心觀察然後理解，並且把它記起來，你就是這個行業的專家，也就是所謂的「匠心」。

　　這本書對茶風味的詮述方式，推翻了我一輩子學茶和超過35年專業教茶的經驗。談到風味，不管是茶、紅酒、咖啡都用風味輪，但其實風味輪是「所有風味的總合」，統統擠在一個圓裡太複雜了，像高雅花香是隨時變化的；但單一品項的雷達圖又太簡單了。作者以九宮格描繪出每個風味的前中後段香氣，以及各段的上中底層的飽滿度，像是茶湯蓬鬆滑潤、輕盈順口、黏稠感、粗澀感等。看完書稿，心中的感觸只有一句話：「嘆為觀止」。

　　無論教學或看書都是知識的傳播，但傳播者和接收者之間要有共同知識領域才有辦法媒合，否則接收者無法消化理解。作者運用大眾日常飲食經驗來解釋茶風味，就變得好懂許多，因為大部分的人都有吃美食的經驗。像是兒茶素澀感的轉換要解釋很困難，但作者用柿子成熟度來比喻，真的是再恰當不過了。

　　不管學什麼學問、專業知識，學懂了、理解了最重要，也是我願意寫序的原因。再舉一個例子，大部分學茶的朋友所知道的紅茶都是外觀黑褐色、茶湯紅褐色的，又稱為全發酵茶；但這本書提到大吉嶺紅茶外觀黃綠色、茶湯蜜黃色，如同作者所說，其實紅茶不能用發酵程度來定位，應該用「製作工藝」來定位，打破了一般認知。我自己是茶專業的老師，我也是這樣詮述紅茶，但作者沒聽過我的課，也沒特地要他這樣寫，反而用他自己的語言詮釋出茶最真實的樣子。

「金萱紅茶」創始人、資深茶人　藍芳仁

作者序

　　我一直期盼著，茶在台灣應該有更多的可能，不只有傳統茶道、茶席、手搖飲料等，跳脫行銷包裝、品牌迷失，回到風味本質來欣賞與感受。只要做好每個細節，精雕細琢去完成每一支茶款，也能將台灣茶的特有風味傳承下去，進而成為經典。如同布根地的葡萄酒莊，釀酒師從葡萄園挑選、採摘、分級、釀造、入桶、熟成到裝瓶，都是精密且完整的風味設計，全然表現酒莊的釀造工藝與風土特色，並成為世界經典酒款。

　　茶湯風味是由原物料本身加上質地、工序的變化與最後的熟成、沖泡，一層層地將風味堆疊起來。我從業10幾年間不斷品飲及累積經驗，將本質與變因慢慢整理與歸納，便發現其實全部邏輯都是相通的。不管是精品茶、咖啡、葡萄酒與清酒等，都是原物料隨著時間慢慢成熟再轉變質地，並與製作工序的變化堆疊；只是茶的風味最為細膩，更需要放慢腳步、感受細節，才有辦法釐清茶風味變化的奧妙。

　　所有的飲品，茶、酒、咖啡與食物料理，不論外在的包裝、品牌、行銷、擺盤，最終都是得入口，我們用舌頭感受酸甜苦鹹鮮、用鼻子感受香氣、用口腔內每吋皮膚感受質地的表現，運用所有感官交織成完整的風味表現，再透過文字將感受敘述出來達到彼此理解，這就是風味的語言。

　　透過風味的語言來溝通，引導消費者認識不同飲品的風味結構，進一步串起產業中的每個角色。如同各種不同國家的語言，詞彙與文法經過邏輯的組合而成完整的句子，達到溝通目的且讓雙方都能清楚地理解。簡單舉個例子，餐廳主廚構思一道魚類料理時，會先在腦海中勾勒出風味架構，再來找尋合適的魚貨，完成烹飪後又必須讓外場知道料理的精神，才能讓消費者理解價值所在。

從上一本書到現在兩年的時間，學習了許多「茶」以外的品飲系統，並取得了國際清酒唎酒師與WSET L2葡萄酒認證，在這些品飲系統中會發現，講的都是「本質」，講求風味、溝通以及清楚的邏輯架構。無論是SSI日本サービス研究會或英國WSET葡萄酒與烈酒認證基金會，這些系統不只教導品飲邏輯，更教育該如何在餐桌上做服務，什麼樣的酒要如何保存、使用什麼款式的杯子、適宜的品飲溫度、搭配何種料理，這些都是餐酒搭配必須要重視的。

茶，一樣可以做茶餐搭配，只要能夠清楚知道茶的工序、厚度、甜度、酸度、熟成，以及料理烹調方式，就可以清楚做出合適的搭配。在本書的附錄中，亦從製作工序切入舉例各茶款適合搭配的餐點。希望下本書再慢慢跟大家分享近幾年來我所嘗試的餐酒、茶餐、甚至茶酒搭配組合，讓「茶」能站上Fine Dining餐桌。

Charming Choice 茶米店創辦人

13

Chapter 1

茶風味概念
與
品飲練習

Tea Flavor & Tasting

探討茶湯風味及設計之前，先建立好品飲邏輯與標準。
用飲食的標準，從日常水果、料理的角度來比喻茶湯風味。
此章節帶領大家認識茶湯的各種香氣變化、質地變化，
以及這些不同變化在口腔中的路徑、落點、強度與感受。

在這本書的第一個章節，先清楚地引導大家如何去感受、分辨這些風味，畢竟風味還是由嗅覺、味覺、觸覺，這三個感官所交織而成。這些多層次的風味在口腔有高低起伏各種變化，就像一首無聲的饗宴。如同聆聽交響樂，一首曲目是由中高低音及各種樂器堆疊而成，曲子有起承轉合、抑揚頓挫，有時獨奏、有時合奏。作曲家用旋律建構出想描述的故事主幹，再利用不同音頻的樂器來營造氛圍同時表達情緒，使聆聽過程更生動有趣，並讓觀眾有親身經歷故事的畫面感受。

為讓品飲這件事不那麼抽象難懂，建議先從真實的感受開始練習，認識該如何去判斷風味在口腔的位置，是中高低音？香氣有多少層次堆疊？會延續多久？先用理性去理解品飲邏輯，再開始用感性去享受風味細節。

茶風味概念與品飲練習

運用五感品飲一款茶

「老師，該怎麼品茶？」每次講課時一定有學生會提問。

「就跟平常吃飯的感受一樣啊！」我回答，就以我自己愛吃的炒蛤蠣來舉例吧！

茶風味概念與品飲練習

Step1 料理入口前──著重視覺感受

師傅將食材大火快炒後端上桌，看著醬汁巴在蛤蠣上，湯汁收得剛剛好。

Step2 料理入口前──著重嗅覺感受

蛤蠣香、蒜香、九層塔香、醬香，經大火炒後每個原物料的味道都完美融合，光聞香氣就讓人食指大動。

Step3 料理入口後——味覺、嗅覺與觸覺組合而成的風味感受

夾起蛤蠣肉，沾點醬汁一口咬下，由於殼剛打開沒多久，因此熟度剛好。新鮮的蛤蠣肉質彈牙，肉汁鮮味十足與醬汁彼此結合，同時醬汁中又帶有蛤蠣的鮮鹹、大火炒過的蒜、薑、蒜與最後加入的九層塔點綴，每次點炒蛤蠣都會不小心多吃幾口飯。

嘗試更有邏輯地享受料理，同時以理性的品味先試著拆解料理，再用感性體會更細微的變化，舉例來說：

1 感受原物料，新鮮蛤蠣的多汁鮮甜，或不新鮮就可能帶腥味。
2 感受副原料，蔥薑蒜、米酒、醬油點綴，藉由副原料襯托主角風味。
3 感受廚師手藝，火候控制的精準以及醬汁、食材是否貼合。
4 感受服務，上菜需注意菜餚溫度，過熱過冷都不行，且是否有適當講解。

品茶如同品味料理，但茶湯風味與料理、酒類、咖啡相較起來更為細膩，更需靜心感受。專注感受來自整個口腔、鼻腔、喉頭所有過程與變化，剛開始學習品茶難免有點挫折，會覺得好像無法辨別茶湯風味表現。沒關係，別氣餒也不要放棄品飲熱情，無法辨別時就把感受記住，再經過反覆品飲、練習、比較，累積品飲經驗，慢慢學習成長；同時也不要害怕說出自己的風味感受，畢竟每個人生活圈與成長環境不同，接觸到的食材、感受也不同。

品飲與品味的經驗累積就像事業工作，起初工作時經驗不足，需要時間慢慢累積經驗，日積月累就能得心應手。上手後便可歸納各類工作變因，釐清目的與結果，接著精修過程，彙整所有工作邏輯，若遇到好的前輩引導，就能更快上手。在此借用品飲葡萄酒時需特別感受的關鍵點，將這些項目整理歸納，再經過累積與正確引導，日後便可輕鬆品飲分析各類飲品。

Step1 茶湯入口前——以視覺判斷茶湯顏色，觀察茶湯是否清澈與顏色呈現

使用透薄的手工水晶杯讓茶湯顏色更清楚，舉起杯子靠近光源，茶湯清澈透亮。再移動至白紙上觀察湯色，金黃色的茶湯中透出一點蜜黃。

Step2 觀察茶湯後，以嗅覺感受香氣強度與複雜度

拿起高腳杯，輕輕搖晃，鼻子靠近杯緣細細嗅聞香氣，冷萃茶湯細緻的香氣在杯身中完整呈現。先聞到清雅的梔子花香帶點粉甜，牛奶棗皮的青澀香氣與蘋果果肉甜香緊跟在後，整體香氣是輕盈細緻的花果香。

Step3 茶湯入口時──以味覺感受甜度、酸度，同時捕捉細膩的前段香氣

啜吸一口，清甜與果酸在舌尖展開，新鮮梔子花香甜沿著上顎到鼻腔綻放，花粉與柑橘皮香氣在鼻腔慢慢化開。

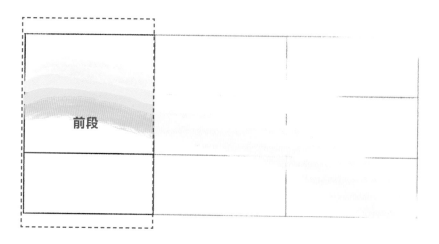

前段

Step4 茶湯到達口腔中段，以觸覺感受單寧感、質地、茶體重量

趁餘香還在鼻腔繚繞，補上第二口，稍微多喝大口一點，讓整個口腔都可觸碰到茶湯，舌面上有梔子花與牛奶棗果肉的多汁感，茶湯質地鬆軟滑順，像絹布般又帶點空氣感，單寧感輕盈得像蓮霧鬆軟的果肉。讓茶湯無角度地滑過喉頭，梔子花與果皮香氣再一次回到鼻腔，這回香氣較為成熟，綿長的餘韻慢慢在口腔化開，從梔子花甜轉化成黃色蘋果，果酸在兩頰開始生津。

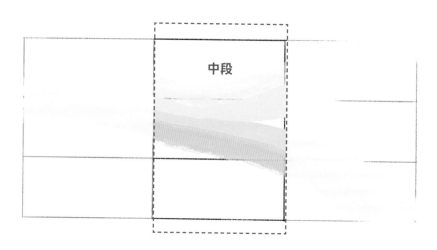

中段

Step5 茶湯入喉，香氣蔓延至鼻腔，同時感受口腔、喉頭細節餘韻變化

　　喉頭感受到清爽的棗子果肉甜感綿密又鬆軟。蘋果果肉、牛奶棗果皮的香氣在口腔慢慢暈開，細緻的果酸延伸到兩頰與齒縫開始生津，棗子果肉般的甜感在喉頭回甘。

		後段

茶風味創作與品飲需來自良好原物料

　　自己一開始進入茶產業的時候，因經驗與專業都不足，只琢磨於末端的焙茶技巧，其實追求的也只是焙透與焙清而已，還不懂得風味創作。早期挑選的茶葉，因毛茶新鮮香甜容易造成誤判，但可能因為茶菁原物料採摘過嫩、萎凋不足、菁味水味重，焙火後的茶香很容易就消失，前段雖然有新鮮花香或亮麗的茶香，但到了口腔中段就沒了。這是因為製茶工序不完整，所導致風味結構的缺陷，而烘焙時高揮發性的香氣便會和水一起揮發。

　　又或是遇到過度施肥的茶，茶葉原物料本身黃豆和動物植物蛋白的味道太重，新鮮喝的時候感覺不出來問題，但茶菁乾燥後，缺點卻變得明顯，是因為烘焙這件事會把原本毛茶的味道集中，喝起來就覺得不好的味道被放大了。

　　到後來，我轉而研究製茶的技術，在製作上要求完整萎凋與發酵，還有適當的施肥與正確的田間管理，以防止茶湯出現肥料味，又或是嚴重「綠葉紅鑲邊」，那代表內部還很綠、外部很發酵，茶湯喝起來的結構鬆散，前段香味很濁，中段會有菁味，含水量也高，而烘焙雖然可以降低含水量、盡力地烘到乾淨，但菁味卻無法真正去除。

　　或是在種植的時候對茶樹過度催芽，這種使用外力強行讓茶葉生長的方式，使採摘後的茶菁相對脆弱，無法支撐過萎凋與發酵的過程，所以這種茶葉就會故意做得很青，茶湯味道也會很空洞。

　　這些經驗讓我了解到，原料才是最重要也是最基礎的一環，茶園管理、土地管理良好，才能有好的茶葉原料，如此一來後面的製作工序堆疊才會順利。

茶風味概念與品飲練習

無論是茶葉初製或精製茶葉，這些後續加工當然無可避免地的都會提升或修改茶湯風味，但某些基礎味道是否飽滿或不足、亦或是有缺陷的味道—如肥料味，都還是要依賴原物料的品質決定。我們無論做任何加工，都是建立在原物料之上。想像原物料是地基，地基穩固的話，上面建築即使不美麗，基本上的安全性都讓人放心無虞。

烘焙茶葉如同製作料理，在每個製茶階段都有不同的角色，茶葉就是在每個不同角色的意志與心意累積之下完成的，這種心意呈現了茶葉最終的風味，也是我們想讓品嚐者感受到的味道。

用食物標準來看品飲標準

不論風味好壞，大多數人還是會依自己主觀的品飲標準，而產生認知不同，畢竟每個人標準不一。朋友都認為我對湯湯水水的標準很高，不隨便幫別人評論或背書。但如果用身體的角度來看飲品標準，其實我與一般人相同，都是以身體舒適為主，這是最基本的飲食要求。從食物的標準來舉例，不新鮮、沒煮熟、烹調至焦掉、麵包發酵不完全、沒有適當保存、多了化學添加物等，只是這類讓身體產生不適的情況對我來說都會放大感受。

「對身體沒有負擔」這樣的標準，相信也是一般人對於食物的標準、要求都是如此。但弔詭的是，大眾還是會認為，茶、咖啡對人就是會有刺激性。而我認為所有飲品，基本上就不應該對身體產生任何不適，這是不應該發生的事。而茶、咖啡也與食物一樣，茶菁原物料不對、製作工序上有失誤或保存不當，就會有不好的風味。

　　會被歸納為不好、不正確的的味道，表示帶有刺激性，也就是人體在感受到這些味道時，身體會最直接告知警訊。硬要喝下這些不好味道的飲品時，就會產生不適的症狀，如頭暈、頭痛、噁心、心悸、茶醉、睡不著，這些都是身體最直接的反應，但很多消費者都會忽略身體的感受。其實回到最根本，先不論味覺、嗅覺、觸覺，人體本身才是最大的感知部位，身體的反應是最真實的，同時也會告訴你這些味道是好或壞。以下把茶的原物料、製作工序再以炒蛤蠣來比喻：

茶風味概念與品飲練習

環節問題	茶表現出來的味道	料理表現出來的味道
原物料狀態	茶園管理不當，施肥用藥過度 肥料味、蛋白味	蛤蠣不新鮮、使用化學藥劑保鮮 腥味、化學藥劑味
工序不當	室內外萎凋不足 水味、生味、草菁味	沒有泡水吐沙 土味、泥沙味、泥沙本人
	炒茶時間或溫度不夠 生味、草菁味	燜煮溫度不足或時間太短 蛤蠣沒開
	發酵環境溫濕度過高 悶果酸味、酸澀味	燜煮時間太久 失去鮮度
	乾燥溫度過高 醬味、焦苦味	火候控制不佳 燒焦
保存不當	保存環境不良 潮濕味、油耗味	保存環境不良 臭酸味、腐壞酸味

　　有烹飪經驗的朋友，看到表格中「原物料狀態」與「沒有泡水吐沙」這欄，就可想像結果會如何了。原物料狀態不理想，至少還可以靠工序與調味來修飾，但原物料與基礎工序還是影響風味的最大部分。料理與茶一樣，從原物料開始再經過一層層工序再加入調味，堆疊出完整的風味層次。相反地，在烹調過程中如果有任何一道工序沒有

完成，就會讓菜色失去該有的味道，無法品味甚至也無法入口。無論茶、酒、咖啡、料理，只要原物料正確，且每個工序都有確實做好，那風味就是清晰可分辨的。

　　記得有次回母校授課，結束時前往學生時期很愛的快炒簡餐店吃個燴飯回味，用完餐的感想是，冷凍肉、沒鑊氣、有點油、醬汁太水、青菜也沒燜透，全部味道混在一起。好在至少有煮熟，身體沒不舒服。雖然是無法享受與品味的料理，但味道還是跟學生時期一樣，而且這個價格實在不能要求更多。

　　想像一下，如果在不影響太多營業成本的範圍內，把簡餐店的原物料與工序稍微調整，就會有截然不同的成品。使用當天早市採購的新鮮肉、食材保存得宜、師傅烹調時將火候控制得更精準與適當調味，只要原料正確、工序到位，就能色香味俱全。同樣的邏輯，若用料理的標準看茶，先有良好的茶菁原料，接著讓每個製程工序細節做好、做到位，茶湯風味就如同料理能被完整地呈現出來。

茶湯入喉的「風味路徑」與「口腔拼圖」

　　為了讓「茶風味」能更容易被了解與辨別，得先認識「定位」和「定量」這兩個重要概念。這兩個概念將有助於在練習品茶時，能更快地記住茶湯入喉後的所有感受。

　　首先講到「定位」的概念，茶湯入口後，香氣是經由什麼路徑抵達喉頭與鼻腔，走在口腔什麼位置。茶款創作者一定需要對於風味架構有著清楚的概念，才能在口腔位置上放置想呈現的香氣，風味曲線都是可設計安排的。但必須先認識整體口腔、鼻腔的位置圖，就能輕易判斷這些香氣停留的位置在哪。我們可以把整個口腔到喉頭位置分成九宮格來看：

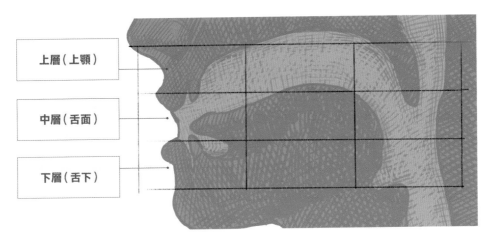

上層（上顎）

中層（舌面）

下層（舌下）

上層：入口之後沿著上顎一直到鼻腔
舉例：新鮮菜頭、生菜沙拉

中間：上顎以下到舌面上
舉例：曬乾菜脯、清炒或烤青菜

下層：貼著舌面，延伸至舌下延續一直到喉頭
舉例：陳年老菜脯、燉煮蔬菜湯

茶風味概念與品飲練習

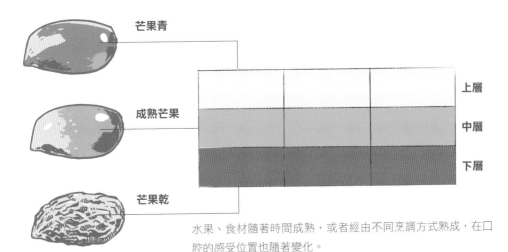

芒果青

成熟芒果

芒果乾

上層

中層

下層

水果、食材隨著時間成熟，或者經由不同烹調方式熟成，在口腔的感受位置也隨著變化。

不同階層的香氣，跟茶葉生長環境、茶葉採摘等級與製作工藝息息相關。越輕盈的香氣在口腔上層會越明顯，在中段的表現大多是圓潤、扎實、飽滿，而下層則是帶有粗纖維的風味。

輕盈香氣於口腔上層的茶款

煎茶・宇治山（請參100頁）

玉山清香烏龍・2020若芽（請參194頁）

普特邦茶園・月漾 春摘（請參130頁）

圓潤扎實飽滿香氣於口腔中段的茶款

玉露・翠玉（請參112頁）

冬片三分火（請參223頁）

金萱紅茶・夏至（請參156頁）

粗纖維風味於口腔下層的茶款

日月潭紅茶・紅玉（請參172頁）

玉山熟香烏龍・白露（請參234頁）

風味路徑定位——前中後段感受的時間

　　既然是風味路徑，就需帶入時間的概念，風味會在那個時間落到口腔位置上。

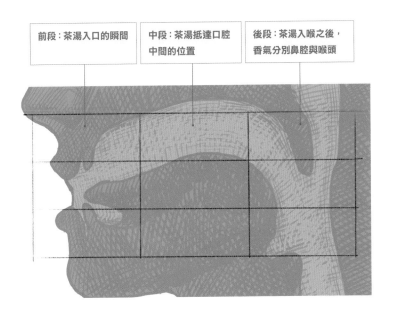

前段：茶湯入口的瞬間

中段：茶湯抵達口腔中間的位置

後段：茶湯入喉之後，香氣分別鼻腔與喉頭

茶風味概念與品飲練習

■茶湯風味的濃度與密度直接影響前中後香氣表現

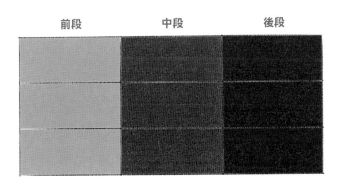

前段	中段	後段

若用顏色比喻，低密度的顏色只會停留在前段，密度越高則可延伸到後段。

那何謂香氣的「前中後段」呢？

茶湯前段香氣大部分屬於輕盈、亮麗、快速的，具有高揮發性的特性，因此入口速度最快，在口腔前段越能明顯感受到。水果在新鮮、綠色尚未成熟時，前段的香氣亮麗豐富；而其他食材、料理、花、青菜或生菜在未成熟與未熟成時，香味也會落在前段。香氣落點跟烹調方式有直接的關係，如果是輕輕地調理，沒有經過太複雜的烹調工序，這些香氣落點會停留在前段。

那如何使風味能夠延續到中後段呢？首先必須有結構完整的原物料，再經過熟成與確實烹調工序，所產生出來的味道香氣才有足夠力道持續綿延到口腔中後段的位置，包含舌面中間、舌下、以及上顎的部分。經過完整熟成的食物、茶、酒，可能是經過發酵的溫度，或者是烘乾熟成，經過這樣的工序，能夠把味道慢慢地往後延伸，讓口腔中段的風味呈現飽滿的狀態。用魚類現撈仔與一夜干料理來比較，新鮮現撈的魚大多香氣會落在前中段，肉質水嫩鬆軟；一夜干的香氣會落在中後段，肉質緊實Q彈。

<figure>茶風味概念與品飲練習</figure>

萃取濃淡會影響品飲感受

茶湯濃度會直接影響口腔位置的前中後段表現。濃度越淡的茶，只會停留在口腔的前端，隨著茶湯濃度提升，就能夠支撐到中段，當萃取率到非常完整時，就可以讓茶湯前中後都有完整的表現。舉個例子來說明：在泡茶時，第一沖的風味表現通常會在前段最為明顯；到第二沖時，茶湯位於中段的表現最為豐富，第三沖則是在中後段最清楚，如果要把三沖合在一起，就如同一次性的萃取方式，讓前中後的風味在同一杯茶裡清楚地呈現。

口腔拼圖定量──香氣落點與密度廣度

　　清楚了「定位」的概念後，就必須了解「定量」，有助於更加精準地感受是在口腔落點的哪個位置。

　　可以把口腔位置分為九宮格，開始學習判斷在落點位置的香氣有多少、多重與停留多久，例如：在前上段有濃郁的茉莉花香；或者是在中後段有厚重紮實的木質調性。所謂的「定量」，就會有大、小、濃淡之分。

　　判斷完香氣的強弱與濃度，必須了解香氣的密度，密度由寬廣至密集。簡單舉例：口腔中上段，是只有單一的茉莉花香；或者在口腔前上段，有著茉莉花、野薑花、粉甜、梔子花，有著多層次也寬廣的濃度，濃度越密、香氣也越重。

■ 以茉莉花香為例，了解香氣密度

<table>
<tr><td>單一茉莉的香氣</td><td>密集花香的香氣</td></tr>
</table>

香氣密度過高時，需微調萃取條件

但香氣密度過高時，一般品飲者很難辨識。舉例來說：彩虹有7個顏色，當這7個顏色壓縮得非常密集時，是很難分辨這些顏色的；也好比一張紙上面堆疊各種不同顏色時，這張紙看起來是黑色的，很難區分出其他顏色，這就是「香氣密度」的概念。將這些高濃度的香氣稀釋拆解，才能輕易辨識。只需微調萃取條件，降低茶湯濃度至可辨識的範圍。

再把熟成的邏輯套用於「定量」的概念時，同樣以水果舉例：剛熟成好的水果在中段、中階、九宮格的中心點，味道特別濃郁以及強烈；而成熟紅色的水果在中後段的濃度，是非常濃郁的；未成熟、青色的水果，則是在中上段的香氣則是特別的濃郁及飽滿。所以定量與定位的概念是相輔相成的。

■以水果熟度為例，了解逐漸熟成的香氣變化

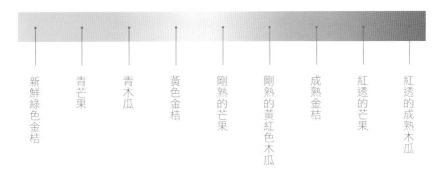

新鮮綠色金桔　青芒果　青木瓜　黃色金桔　剛熟的芒果　剛熟的黃紅色木瓜　成熟金桔　紅透的芒果　紅透的成熟木瓜

茶風味概念與品飲練習

「成熟」與「熟成」香氣對應口腔位置

　　先前我們透過圖表了解：影響風味上中下位置的最主要原因是「熟成」，更正確地來說，是隨著時間的「自然成熟」與外力介入的「人工熟成」。

■新鮮→成熟的顏色變化（自然成熟、也就是所謂的「在欉紅」）

水果甜度隨時間增加，與茶葉經過發酵由綠轉紅的概念相同。

　　「成熟」的概念就像水果自然變化，水果在樹上會隨著時間越來越成熟。以芒果舉例，剛結果時是綠色，隨著時間慢慢轉黃，最後變成橙紅色。風味同時隨著顏色轉化，水果為綠色未成熟時的果酸尖銳且甜感薄弱；轉變成黃色時，甜味越來越集中飽滿。不只有味道會隨著時間轉變，果肉、果皮也隨著時間漸漸纖維化而變得枯澀。

　　隨著熟成程度越高，味道會越慢慢往下層走。可以想像成新鮮、綠色的水果，它的香氣是在上層，當然在越來越熟成時，已經熟成到黃色、橙色時，中段風味是特別的豐富。繼續熟成至紅色、黑色或乾燥的水果，這時風味則是在下層。回到茶葉來看，大多數的茶款都是由「自然成熟」與「人工熟成」工序堆疊而成，可依照香氣落在口腔中的位置來判斷熟成類型。

■人工熟成→陳年熟成（日曬或烘乾）

隨著日曬、烘乾時間水分逐漸減少，糖類開始凝縮、焦糖化，與茶葉烘乾、烘焙產生的風味變化相同。

茶風味概念與品飲練習

　　製茶工藝、風土氣候以及採摘等級會直接影響到口腔的位置，這麼說可能會很難理解，舉幾個日常生活中常見的例子：

1　在越冷的環境下生長的水果，在剛熟成，酸度偏高這些香氣通常都會在越上層。

2　在樹上熟成越久，水果的顏色從綠色轉換成黃色甚至黃橙色的時候，這些黃色、橙色水果的風味，就會落在口腔的中段。

3　慢慢地，水果熟成了、水果乾燥了，這些味道就會越來越沉穩，而落在口腔的下層。

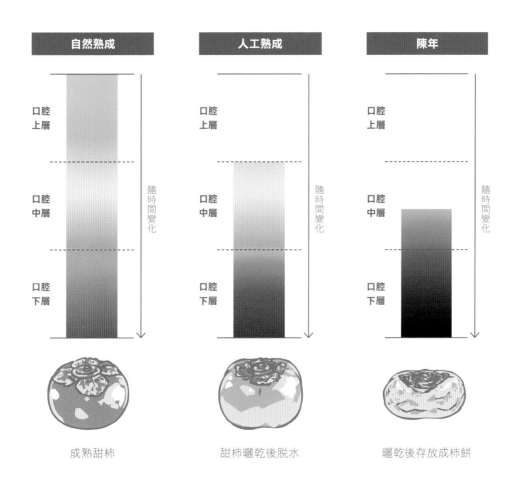

成熟甜柿　　　　　　甜柿曬乾後脫水　　　　　曬乾後存放成柿餅

茶湯也有「形狀」？感受質地的品飲練習

「質地」指的是，由觸覺所感受到茶湯的形狀、外觀以及觸感，會影響茶湯質地的因素有非常多，從礦物質、含氧量、氨基酸、單寧感、熟成度，種種因素都會直接影響到茶湯的質地，在此章節中會將一般常見的質地，用大家平常能夠感受到的事物形容，雖然這麼說有點抽象，畢竟口感、個人喜好跟生活環境皆因人而異，會接觸到的食物及感受是完全不一樣的。

質地的練習不只是在茶湯，在日常生活當中，所有的水果、油脂，甚至是布料、礦泉水、礦物質，都有自己的質地表現。而為什麼質地是重要的？一個味道如果沒有質地，就不等於風味，所以在形容風味時，一定要清楚地指出「香氣」及「質地」，舉例來說：柑橘類，風味描述上是指柑橘類，但實際上它有果肉、果皮、果皮產生的油脂、種子，甚至果肉與果皮中間白色的瓣，這些完全都是不同質地。在形容風味時，必須把質地的表現清楚地描述出來，在表達上才能夠更明確。質地的表現，從輕到重，簡單分為6個項目：

1	2	3
蓬鬆滑潤	輕盈順口	黏稠感

4	5	6
粗澀感	乾澀感	堅澀感

1 蓬鬆滑潤：

　　若茶葉當中的氨基酸與果膠質豐富，並使用軟水來沖泡時，能結合出類似棉花糖、棉布、鵝絨般的質地，又同時具有包覆性；以食物來說，就像是新鮮的愛玉、鬆軟的水蜜桃果肉、成熟葡萄的果肉、蓮霧種子與果肉中心帶有空氣感的部分。酒類品飲會以Soft形容蓬鬆感。

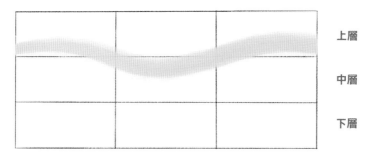

茶湯質地鬆軟滑潤，大多會落在口腔中上層
口感形容：圓滑、細緻、無角度、溫柔、羽毛般

2 輕盈順口：

　　以極高的含氧量、軟水萃取茶湯，高山泉水、伏流水泡茶，含氧量極高，入口時快速地滑過口腔到達喉頭，並帶有沁涼感、氣泡感。大多軟水都能有這樣的表現，最令我印象深刻的是位於京都伏見地區的水質，軟嫩滑順又輕盈，甚至有點類似氣泡水的清爽口感。

茶湯質地輕盈順口，大多會落在口腔上層
口感形容：輕快的、俐落、緊湊的、無角度的、清爽感

3 黏稠感：

　　成熟葉比例較高，茶葉中含有高濃度糖類及油脂會造成黏稠感，若使用軟水沖泡，就會有更明顯的黏稠感，又比起蓬鬆感多了重量，類似絲綢、新鮮的橄欖油、茶油、雞油、魚油，這些都是黏稠又穩重的口感。酒類品飲會以 Creamy 形容黏稠感。

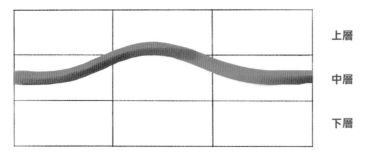

上層

中層

下層

茶湯質地黏稠，大多會落在口腔中層
口感形容：光滑絲綢、有稠度、濃密、膨脹感

像是蜂蜜或油脂這類流速慢的液體質地就是「黏稠感」。

茶風味概念與品飲練習

4 粗澀感：

茶葉在成熟時，因生長環境的日照充足，造成明顯單寧感，是粗澀感的來源，適量的單寧是撐起茶湯結構主要成分，像是水果皮般有著亮麗的香氣，例如蘋果皮、葡萄皮；而品飲葡萄酒時則會以單寧感（Tannin）來形容粗澀感。

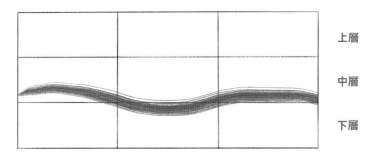

茶湯質地粗澀，大多會落在口腔中下層
口感形容：穩健、豔麗、張力、豐郁、木質、纖維

5 乾澀感：

茶在缺少水分的狀態，會產生乾澀感，可能是當年度的雨水不足，或者剛烘乾完成過於乾燥，都是產生乾澀感的主要來源，類似剛出爐的麵包、炸過頭的鹹酥雞、乾燥木頭，會有明顯口乾舌燥的感覺；品飲葡萄酒時，則以Dry來形容乾澀感。

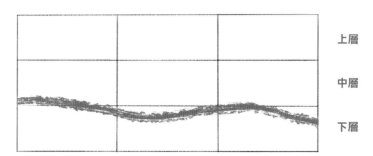

茶湯質地乾澀，大多會落在口腔下層
口感形容：收斂、收縮、乾燥、乾澀

茶風味概念與品飲練習

6 堅澀感：

礦物質是堅澀感的主要來源，包含茶園土壤或沖泡用水都含有礦物質。水中礦物質TDS120ppm以上時，可清楚感覺到堅澀感，入口時可感覺厚重的礦石感，舌面、上顎、兩頰有明顯的摩擦感，餘韻有細小尖銳刺激感；而品飲葡萄酒時，則以礦石感（Minerality）來形容。武夷岩茶與法國Evian礦泉水都有明顯堅澀感。

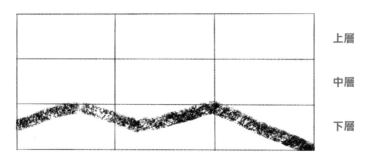

上層

中層

下層

茶湯質地堅澀，香氣大多會落在口腔底層
口感形容：銳利、強力、刺激感、撞擊感

在日常飲食中
訓練對於質地的感受

More
to
Know

方式1．品嚐水果感受從皮到籽的質地：

芒果、葡萄這兩種水果都是在質地表現上有明顯差異的水果，從果肉綿密鬆軟圓潤的質地、果皮的乾澀感、到種子的粗澀感，在這樣的對比下，相信大家可以清楚分辨出三種不同質地的差異性。

方式2．用不同水質做垂直品飲訓練：

使用軟水到高硬度的水，就可以感受到輕快、圓潤、堅澀的不同之處，而且在全聯超市就可以買到這些水的樣本。包含泰山純水、台鹽鹼性離子水、悅氏礦泉水、多喝水以及法國evian礦泉水，這些水的硬度是由低到高，我一般在練習時會同時購買這些不同品牌的水，再做垂直的品飲訓練，就可以感受到礦物質在口腔中帶來的感受及差異，並依照最輕到最重的順序品飲。

從成熟度與部位看茶湯質地與香氣

　　茶葉的原物料是茶菁，不同茶樹品種有著有自身獨特的香氣與質地，茶芽隨著時間慢慢成長至成熟再到老葉。我們以「成熟」和「部位」兩個角度來對應口腔位置看看：

　　從「成熟」的角度看，大致可以分成嫩芽、嫩葉、成熟葉，三種不同熟度，而茶菁成熟度會影響整體香氣的變化與質地。嫩芽像綿密的果汁，嫩葉是飽滿的果肉，而成熟葉則像果皮有明顯粗澀感。

　　從「部位」的角度看，將茶葉垂直剖開，最外層有果膠質包覆著、中間是葉肉、最內層中心點是葉梗與葉脈，各個部位有各自的香氣與質地表現。外層果膠質像果汁般軟甜，葉肉則像是果肉般飽滿，葉梗與葉脈就是果皮了。

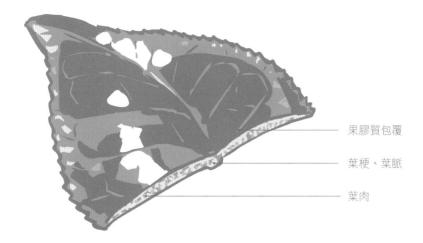

果膠質包覆

葉梗、葉脈

葉肉

茶風味概念與品飲練習

「成熟」與「部位」不只影響質地與香氣，含水量也會跟著時間一起變化，越嫩、越細緻的部位，含水量越高；乾澀、粗澀、成熟的部位，則含水量偏低。用肉質來做比喻，嫩芽嫩葉的部位就像是肥肉有著軟嫩滑順的質地，而成熟的部位會偏向瘦肉，口感有點柴、水分較少。

茶葉「成熟度」對應口腔感受	嫩芽（類似果汁感受）－口腔上層
	嫩葉（類似果肉感受）－口腔中層
	成熟葉（類似果皮感受）－口腔下層

茶葉「部位」對應口腔感受	果膠質（類似果汁感受）－口腔上層
	葉肉（類似果肉感受）－口腔中層
	葉梗葉脈（類似果皮感受）－口腔下層

依原物料的本質來做茶

在茶葉漫長的製作工序中，採摘當時就已經決定了茶菁成熟度，就算經由不同的製茶工藝，製作成綠茶、烏龍、紅茶或黑茶，品種基礎的質地與香氣也不會改變。簡單舉例來說：一個三層肉，可以煎、煮、炒、炸，它最終會被做成一道料理。而本質不變的意思，原物料不管經由任何的烹調方式，最終都還是以同樣質地呈現，肥肉就是肥肉、五花肉就是五花肉。雞肉經過各烹調手法，它都還是雞肉，並不會變成牛肉。

當然，講到原物料質地就一定會提到烹調方式，不同肉質不同質地，各自有最適合的烹調方式，有些適合煎、有些適合炸、甚至有些適合生吃，就好像我們在講茶葉，有些適合做紅茶、有些適合做綠茶、或做成烏龍茶，都是依照茶葉的本質而做決定。

原物料、成熟工序、後天熟成
交織而成的香氣種類

　　有了「定位」及「定量」的基本邏輯後，又加入了質地變化，若仔細看完這個章節應該就能清楚說出味道的比喻，也就是「定性」的概念，描述所喝到的茶是什麼味道。舉例來說，是蘋果的酸味、是葡萄的香味、是茉莉花香等這類的描述。

　　說到這，可能會覺得有點像是市面上常見咖啡或茶的風味輪。但我並不希望大家用風味輪的概念來去看待「定性」。何謂「定性」，就是我們把香氣、位置、量體跟質地結合起來之後，清楚說出它是什麼樣的味道表現，但必須更精準細緻地比喻。

　　為什麼會說不適合用風味輪呢？用形容茉莉花香做例子，一株茉莉花同時有高中低與各種香氣組合，可能是含苞待放時，或者是剛盛開時、又可能是花開了兩三天、甚至枯萎後做成乾燥花，茉莉花在時間的軸線上，就會有各種不同的香氣變化。

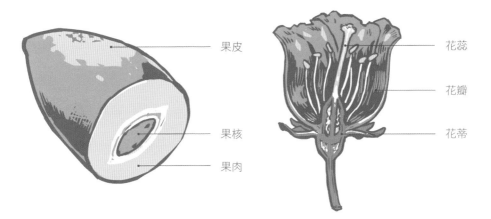

果皮

果核

果肉

花蕊

花瓣

花蒂

無論是食材或植物，都必須用更精準的部位來比喻形容香氣。

茶風味概念與品飲練習

43

　　講述「茉莉花」時，也需告知「時間軸線」，所以要把「成熟」與「熟成」的概念加入形容味道當中。除了時間軸線之外，還要加上垂直的縱線，像是花就包含了花瓣、花蕊、花蒂；而水果包含了果肉、果皮、果仁，每個部位有著自己的香氣表現。

　　在形容一個香氣時，必須清楚說出「是含苞待放的茉莉花香清香、是新鮮綠色蘋果的果肉」，經由正確且精準的形容，才有辦法直接讓消費者認識味道最真實的樣子。

精準形容，以降低品飲者之間對香氣定義的落差

　　精準形容香氣的目的，是在於「降低認知落差」，也就是讓品飲者之間的認知落差能大幅縮短。這點會回到我最初所提及的，不使用風味輪概念。為何不單純去形容「茉莉花香」？因為你認知的茉花跟我認知的茉莉花不一定相同，對你來說，可能是盛開時的香氣才是茉莉花香，但是對我來說，可能只有接觸過乾燥茉莉花。你我對於「茉莉花」的香氣認知不同，甚至我從沒見過、聞過茉莉花，我可能只有在香氣瓶中認識花香，或者是只有在化學香精中認識花香，那在這樣的情況下，因為彼此對香氣認知不同，容易造成溝通不良的狀態。所以當我們在形容味道的時候，必須精準、精確地把「時間軸線」與「部位縱線」表達出來。

　　在良好的味道當中，我把茶分為三大項目，包含「原物料」、「自然成熟」與「人工熟成」。大家可參考這些香氣，再思考垂直軸線的變化，例如：花蕊、花瓣，或是果肉、果皮。

■新鮮 → 成熟的顏色變化

■人工熟成 → 陳年熟成

■茶的香氣種類：從原物料到自然成熟、人工熟成

1 原物料的 香氣種類	草本香	青草、薰衣草、香芹、迷迭香、月桂葉、百里香
	花香	茉莉、野薑花、檳榔花、白菊花、白桂花
	果香	青葡萄、青蘋果、西洋梨、青檸檬、青芒果
	辛香料	茴香、胡椒、丁香、肉桂、薑黃、番紅花
2 自然成熟的 香氣種類	花香	黃桂花、黃菊、雞蛋花、油菜花
	水果	蘋果、水梨、甜棗、柑橘、金煌芒果
	花香	玫瑰、紫羅蘭、海棠花、杜鵑花
	果香	櫻桃、紅肉李子、木瓜、愛文芒果
3 人工熟成的 香氣種類	糖香	白糖、紅糖、楓糖、焦糖、蜜糖、黑糖、焦香
	實香	腰果、堅果、胡桃、核桃
	木質香	沈香、柚木、白柚木、蠟木、杉木、檀木

茶風味概念與品飲練習

茶的風味藍圖
與
轉譯串接

Tea Making Process & How To Pairing

茶的風味創作是在各種感性與理性之間，慢慢摸索、設計、建構的，
如果能使用風味的語言來溝通，就能順暢地串連好每個角色。
再經由茶產業前中後的不同角色分工製作，
將各個工序所產生的風味一層一層堆疊並建構起來。

風味創作是由理性與感性交織而成

　　品味任何料理、茶酒咖啡，都是在體驗風味組合帶來的愉悅與享受，用理性分析再用感性品味。相反過來，風味在創作過程也是相同，攤開風味設計藍圖，用理性建構基礎架構，再由感性填補各種細節。每個細節是由層層工序所堆疊而成，每一款認真的創作都是作品。

　　茶的風味創作是在各種感性與理性之間，慢慢摸索、設計、建構，使用風味的語言來溝通，就能順暢地串連每個角色。再經由茶產業鏈後，不同角色分工製作，將不同變化所堆疊出來的風味一層一層建構出來，從土地生長、茶葉初製、再到精製烘焙，最後由沖泡者把茶湯風味完整萃取呈現，並藉由侍茶師引導消費者認識茶風味，讓茶款發揮到最高的價值。

　　在上本著作《識茶風味》裡，是用理性品飲茶湯風味，但在這本書，反而希望能夠將品飲與創作的感性面，更真實呈現給大家。對於本身是焙茶師的我來說，有些茶款創作是開心的、有些是嚴謹甚至嚴肅，如何運用製茶技術來呈現這些細節，讓氛圍與情緒在茶湯當中有更好的表現。

　　從現實狀況來看，想要真正創作出一款作品，不只是在理性與感性間取得平衡，還需要滿滿的任性跟堅持。如土地與茶園管理得花許多心力照顧，才有好的茶菁原料；每個工序細節的堆疊，需花費數倍甚至數十倍的時間才能完成。

茶的風味藍圖與轉譯串接

茶的風味藍圖與轉譯串接

擬定茶的風味藍圖

風味創作者需熟知原物料、質地變化、工序變化所產生的風味，再將這些結果、變因做出歸納、整理，思考如何運用在風味藍圖上。先擬定好風味目標，運用原物料的質地變化建立結構，再使用工序所產生的變化堆疊細節。

以料理來舉例：廚師設定好料理目標後，挑選特定成熟度的肉質來作為料理的基礎結構，是嫩的、柴的、有油脂、或是乾澀；質地確定後，再來思考如何運用烹飪、醬料變化來做堆疊，要烹調至幾分熟、保留多少水分及嫩度；使用何種醬料作調味，增加料理的豐富性及平衡感，思考是否要加入不同質地做裝飾，增加口感層次。

再舉另外一個例子：室內設計師必須先理解結構本質上的安全性，再運用不同顏色及材質的裝飾，以完成整個室內空間的創作及定調。

不斷充實風味資料庫，設計茶款時才能應用自如

回到茶品飲實務面上，對於風味創作者來說，必須不停地累積風味資料庫。茶的風味創作需累積各種茶菁原物料、品種、質地、發酵、水分流失程度、成熟度、烘焙度、熟成所產生的風味變化，再將這些變化清晰的歸檔，於創作中再次運用。以感性構思畫面，再理性安排結構細節。

建構風味藍圖有基本邏輯，一定得從最底層的基礎本質開始，再一層層的疊加上去，微型氣候會限制本質的變化區間，而原物料本質結構會限制基礎工序所產生的變化框架。基礎工序本質都完成後，接下

來的烘焙與精製也會侷限於原物料本身的風味結構,一環扣著一環。就如同之前說,必須先回到根本、將本質照顧好,再分別檢視框架內所能做的創作。

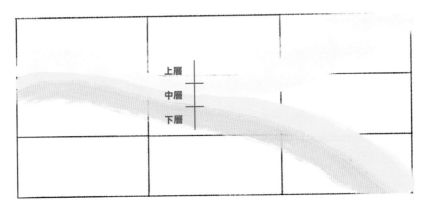

上層

中層

下層

嫩芽在上層,輕盈柔軟的質地,像花粉甜香亮麗
嫩葉在中層,果凍黏稠的質地,像白桃果肉、蓮霧果肉香氣
成熟葉在下層,微微粗澀感,像牛奶棗果皮、白桃果皮香氣
中上層香氣路徑沿著上顎到鼻腔、中下層香氣服貼口腔入喉

必須補充,大多數變化是屬於不可逆的,簡單舉例來說:水果由綠成熟至紅色,是不可能再變回綠色;肉煎到3分熟後,就不可能再變回2分熟,但它可以繼續再煎到5分熟、7分熟。

然而在正常的變化範圍內,要追求頂點的變化,就必須花上數10倍的時間、甚至數10倍的成本,例如:熟成的生魚片,若要將肉質熟成到最精準、最甜、最細緻的風味時,整塊肉的外層可能就必須要切除,也必須花費比一般熟成度更長的時間來熟成。茶也是一樣,我在追求烘焙的極致時,需要花數10倍的時間做到烘焙、等待、熟成,甚至篩選掉許多瑕疵及碎末,才能做到工序的極致,也是變化的極致。

茶的風味藍圖與轉譯串接

51

平衡的風味最迷人

以焙茶這方面來說，我是「平衡系」的風味創作者，依照原物料的條件，再運用各種工序做到風味平衡。做到香氣與味道平衡是基礎，安排好風味的起承轉合，味道互補互相襯托。而我更喜歡挑戰味道與質地的平衡，能以極大的反差來創作，例如：厚實膩口搭配極輕快的質地。什麼是「平衡的風味」呢？乍聽有點抽象，舉例一些食物馬上就能明白！可樂是最日常的例子，以黏膩的焦糖漿配上碳酸氣泡，在口腔中產生反差刺激感但又不違和；還有酥炸薯條也是，外酥內軟的質地結合新鮮馬鈴薯香氣，這些都是運用質地反差做到風味平衡的常見例子。

就如同廚師料理一隻雞，土雞與肉雞的調理方式絕對不同，前者肉質結實、風味濃郁，適合久煮，或是更突顯雞肉強勁風味的料理；而後者肉質細緻軟嫩、風味清淡，可能就適合快速烹調，也更宜於多元的調味。得針對不同原物料質地，從平衡的風味藍圖出發，安排最適合的烹調方式，再運用調味變化堆疊。

焙茶師需先確保每個變因穩定，才能創作出平衡風味

「平衡的風味」需精準安排各種變化堆疊，如果成熟工序不足或有過度的外力介入，或者環境不適合，就會產生不對的風味。一旦發酵時溫濕度過高，可能產生腐壞的酸味、甚至霉味，因此焙茶師（風味創作者）必須確保每一個變化都是在穩定條件中所產生的。

茶的風味藍圖與轉譯串接

■ 從新鮮 → 成熟的發酵程度

8-14°C 低溫成熟可讓變化更均勻

發酵溫度低時

14-25°C 正常溫度發酵時，還是有發酵不均的現象

25-33°C 溫度過高時，發酵更不均勻，外層深，會有腐壞的酸味甚至是霉味

室內、發酵溫度過高時

■ 人工熟成

正常溫度發酵時，還是有發酵不均的現象

溫度過高時，發酵更不均勻，外層深，會燒焦、碳化

烘焙溫度過高時

環節角色們如何串接

　　一杯茶湯是由各種變化所堆疊而成，在製茶過程中，每個環節的重要角色都有自己經手且掌管的變化，再把每段變化一層層疊加起來，才能呈現出完整的茶湯。

　　茶農負責茶葉原物料本質變化；製茶者掌控自然成熟；烘焙者掌控人工熟成；司茶師則是掌控沖泡的變化，像是清爽到濃郁、輕盈到飽滿；最後再經由侍茶者的引導述說，與消費者及廚師分別做溝通。

茶的風味藍圖與轉譯串接

　　舉個餐廳的例子：畜牧業者掌管肉質於養殖過程中的變化，由嫩到柴；廚師負責烹調的變化，由生到熟；最後加上醬料的變化，這樣一層層變化才能實際堆疊出一道完美的料理。

　　茶產業是由許多角色共同串連起來的，而我在這個產業鏈中同時擔任許多角色，從第一線面對客人的侍茶師、執壺沖泡的司茶師、在中段處理茶葉烘焙精製的焙茶師。得理解市場需求與品牌定位，還有消費者的喜好與需求，在跟產業前端茶農、製茶師傅溝通，對於茶葉製作的每個細節都必須清楚，才能做出好作品。

　　我常把我的工作比喻成「風味轉譯者」，把難以理解的茶專業轉換成好懂的風味語言，引導消費者從風味的角度，再經由品飲過程更認識茶。就好比將以前的文言文轉成當代大眾能理解的文字，或是和不同國家的人溝通時需要翻譯是類似的意思。

　　「風味轉譯者」的角色定位非常重要，在於茶的文化傳達與風味傳承，讓新一代知道「茶」本身風味是完整的、是豐富的，或讓外國的買家或品飲者認識茶也可以像頂級的葡萄酒一樣有層次、有細節。會一直反覆提到「語言」的概念，是因為任何溝通都需透過正確的語言才能順利傳達，就像人與人溝通之間也需要正確的語言才有辦法溝通，不然就無法互相理解，

　　當今市場上幾乎沒有從「本質」出發的教育方式，導致一般人對於食物的形容詞幾乎都是只有「好吃」，或是「多汁」這類單一詞彙，廣告台詞頂多增加一些「酥脆多層次」。在茶產業中，一般消費者頂多知道「好香」、「好喝」、「回甘」，這樣侷限了品味的用意且無法彼此溝通，喝茶同樣需感到味覺酸甜、嗅覺香氣曲線與質地變化。在從業多年後才意識到這點，轉而開始從品飲本質上教育消費者，才能串連起整個產業。

茶的風味藍圖與轉譯串接

1 · 茶農 Tea Farmer ── 設定質地、品種香氣

　　微型氣候、茶樹品種、採摘（成熟）時間、茶園管理包含土地、施肥、灌溉，以上這些變化因素都會影響質地，認識這些變因，便可設定質地、品種香氣表現，建立茶湯基礎結構。

■質地的變化：茶樹品種、風土條件決定了質地區間

毛絨	輕盈	黏稠	粗澀	乾澀

　　在長長的茶業生產鍊之中，茶農生為最前端的製造者，最重要的事情就是種出健康的茶樹。

　　製茶工序往往跟茶葉內部水分的控制相關，發酵是一種自我分解的機制。就如同毛毛蟲結繭，內在產生天翻地覆的變化，而最後變成了完全不同的形態。要承受這種變化，茶葉本身是否健康就是很重要的事，健康的原物料才能使製茶師有更多的發揮空間，萎凋和發酵的程度也都可以做得更加完整，如同廚師想做高難度的料理，若沒有良好的食材也無法完成。

　　台灣茶農往往不能選擇自己的土地，因此茶園管理就更為重要，如何使茶樹在健康、沒有壓力的狀況下長大，同時塑造對茶樹更有益的生長環境，而非使用外力強迫茶樹生長，就是最重要的功課了。

　　然而，現狀在產地其實沒有那麼單純，有些茶農並沒有自己的製茶廠，對市場的需求也較陌生，往往會生產出不符合市場的原物料，甚至可能被製茶師或者消費者的觀念綁架，這是很可惜的事情。但回歸到現實面，其實在照顧土地、管理茶園之餘，幾乎也沒有多餘的時間做土地的學習與管理，所以必須要更清楚地知道風味，並且找到正確的溝通管道，做出符合市場需求的產品，選擇更符合土地的茶樹品種來種植，這樣才能在產量及經濟上取得平衡。

茶的風味藍圖與轉譯串接

茶樹從根部長出新枝條，是土地健康好的證明。

2・製茶者 Tea Maker ── 設定成熟度

製茶者使用確定比例的茶菁原物料開始基礎的成熟工序，得先完成走水萎凋工序後，才能進入茶葉發酵工序。

■質地的變化：茶樹品種、風土條件決定了質地區間

毛絨	輕盈	黏稠	粗澀	乾澀

■萎凋與發酵工序：採摘等級、茶菁成熟度決定了質地區間、基礎成熟度與風味，同時也影響烘焙走向

在茶葉製作的第一線，製茶者首先要確認的便是「茶葉的成熟度」，是否有符合此次製作的需求。比方，有些茶要嫩，而有些茶要成熟一點好，而要採多嫩、多成熟，也要和採茶工人充分溝通。對製茶者最要的事就是，讓工作人員按部就班地把每個製茶步驟一一做到位。

　　可以想像製茶者是一位餐廳的行政主廚,或者是一個百年酒莊的釀酒師、日本酒造杜氏。在製茶廠裡有許多需要分工、共同完成的工作,從茶葉原物料進來,一路有萎凋、浪菁、發酵、炒菁,這些都是由各個不同的工班及師傅一起完成,所以製茶者要非常理解每個工作環節及茶葉在不同階段所呈現的模樣。

　　製茶者必須跟消費者、焙茶者溝通、理解原物料特性,才有辦法指揮不同工序的製茶負責人,以完成一支茶款。面對原物料的變化就必須更為清晰,隨時判斷原物料現狀,針對其調整最適合的工序,如果一昧地追求製茶的SOP,反而只會讓茶款變得呆板無趣,甚至失去原物料的個性。

茶的風味藍圖與轉譯串接

在採摘的當下,就決定了
茶菁質地區間。

3 · 烘焙者／精製者 Tea Roaster ── 設定烘焙香氣與走向

茶的風味藍圖與轉譯串接

　　烘焙者（或稱精製者）主要擁有拼配技術：類似茶農與製茶者運用各種質地組合來創作，同時設定香氣落點、曲線。包含了精製工序、回潤時間、烘焙程度、醒茶。

■質地的變化：茶樹品種、風土條件決定了質地區間

毛絨	輕盈	黏稠	粗澀	乾澀

■萎凋與發酵工序：採摘等級、茶菁成熟度決定了質地區間、基礎成熟度與風味，同時也影響烘焙走向

■成熟度：決定了烘焙走向

烘焙定案時，同時確定了醒茶回潤時間

烘焙者必須善用各種加熱工具，去除茶葉內水分後產生梅納反應，控制著焦糖化程度與均勻度，再經過回潤、醒茶工序，去除乾燥產生的乾澀感。

焙茶者是茶產業的中間者，他連接了產業的生產與製造，又需要了解末端販售及消費者的需求，既要跟前者溝通茶葉原料的製作，又要依後者的需求對茶葉的精緻處理做不同變化。

在焙茶這件事上，無論最後的目標風味為何，確實將茶焙透焙熟至乾淨無負擔，都是至關重要的。經由完整的烘焙，清香型的茶就不易變質，而熟香型的茶也更好保存，甚至能存放至陳年。好的焙火及乾燥也能夠集中強化茶的風味，使香型跟口感都更加明顯，在最後侍茶時，也更好與菜餚或其他食物做搭配。

茶的風味藍圖與轉譯串接

因為自己焙茶，更容易看見茶的本質，如同一位廚師平常在處理食材，就會發現食材的變化，而茶葉烘焙有各種不同的器具、火源，精準地細分不同的焙茶器具：包含傳統焙籠、熱風型的乾燥機、履帶式的乾燥機，這些不同烘焙的器具所產生的風味變化都不一樣。就像不同鍋具、不同火源所烹調出來的料理風味也不同，像是平底鍋、銅鍋、鑄鐵鍋，在物理上不同器具的導熱及聚熱效果也各有不同。

講到更深層的火源細節，有瓦斯直火、炭火、電磁爐，經由不同火源加熱，對茶會產生不同的細微變化，如同有些人很著迷炭火所煮出來的薑母鴨。現階段我對於烘焙的堅持是使用傳統焙籠，並且以電熱火源作烘焙，會這麼選擇是因為現階段這樣的烘焙方式能夠在細緻度及產量上取得平衡，當然很多朋友、學生在問：「老師，你哪時候會開始炭焙呢？」我都會說：「等我退休吧！現在真的沒辦法。」畢竟起炭、生火，可能會花上整整一週時間，都必須照顧著茶，我對於炭火烘焙也非常嚮往，只是現階段沒有時間能讓我任性地用炭火來焙茶。

親自焙茶，能更加了解原物料的所有狀態

用傳統焙籠一次只能焙5斤的茶，產量很少；而熱風型乾燥機一次可以焙50斤以上。雖然用焙籠焙茶較花時間、量也少，但風味穩定又細緻，而且焙茶過程中能更認識茶葉的結構及狀態，包含原物料的揉捻程度、含水量、纖維化程度、含醣量等。因為烘焙時必須反覆測試風味，進而更理解茶葉原物料本質的狀態，如此不停地練習，而有時候更像是在跟自己對話，不斷地檢視現在的狀態以及設定的目標，探索著往前走的道路，在這樣的反覆練習過程中進步成長。

茶的風味藍圖與轉譯串接

1　2

焙茶師如何進行焙茶工作？

1 依照焙程設定好溫度，固定時間翻動茶葉，使烘焙更均勻。

2 加溫烘焙，香氣會隨著時間逐漸變化；焙茶過程中，需特別注意香氣變化停滯點。
　當茶香停止變化，一個焙程就結束了。

3 仔細挑選瑕疵。特別注意手部濕氣、香味、異味都要避免，因為會使茶葉沾染雜味。

4 依照焙程決定空氣對流狀態，是否要挖洞、鋪平、壓密茶乾。

3　4

4 · 司茶者 Tea Chef　設定茶湯風味萃取目標

茶的風味藍圖與轉譯串接

　　司茶者的工作主要是設定茶湯風味目標、擬定萃取計畫、釐清萃取變因。包含了沖泡用水、萃取溫度、浸泡時間、沖泡器具、茶湯拼配、品飲器具、品飲溫度。

■質地的變化：茶樹品種、風土條件決定了質地區間

毛絨	輕盈	黏稠	粗澀	乾澀

■萎凋與發酵工序：採摘等級、茶菁成熟度決定了質地區間、基礎成熟度與風味，同時也影響烘焙走向

■成熟度：決定了烘焙走向

最後，沖泡者依照場合決定茶葉萃取範圍。

由於司茶者（司茶師）會在前端接觸消費者，是產品最好的代言人。面對一支茶，不但要有自己的理解，還要決定如何詮釋這支茶，包含沖泡方式、茶款順序、濃度、菜色搭配，與客人的心情狀況。同時也要確保沖泡的過程，可以依照客人喜好不同，以及侍茶師的出餐狀況臨機應變做調整。

茶的風味藍圖與轉譯串接

【餐茶搭—紅玉紅茶 × 柚子胡椒豬肉湯包】

湯包內餡使用五花肉、煙燻培根包著玉女番茄，多汁且油脂豐富；萃取紅茶時，我把茶湯濃度稍微提高來做搭配。

司茶師能讓茶湯有許多面向的滋味表現

我常把司茶師比喻成 Tea Chef，除了對各種茶葉需充分理解，利用不同萃取條件溫度、濃度、水質來調整風味變化，更需對於不同器具的特性加以利用，才能沖泡出最適合當下環境的茶湯風味。

司茶師除了對茶葉及器具的專業之外，更重要的是，要有清晰的萃取邏輯，以及對風味探索的熱情與實驗精神，如此特質可以讓司茶師在各種不同水質、器具、茶葉中，創作出千千萬萬種組合，以對應不同場合及風味表現。

有趣的是，先撇除掉器具和水質的影響，光是靠「萃取」這件事情，就可以讓風味有各種難以想像的變化。舉例來說：司茶師可以選擇萃取前段、中段、或者是中後段，利用不同段落的萃取，來組合出適合當下場合的茶湯表現。

司茶師不只需要懂萃取方式，也需善用各種器具，因為沖泡器具會影響茶湯，不同品飲用的杯子器具對茶湯風味的影響也非常大。有時只會換了個杯子，就會讓別人誤認為是不同茶款，這件事情是經常發生的。

再更進階的司茶師，必須對其他食材及烹調方式有些微的認識，茶不只是純飲而已，也經常會出現在 Pairing 的場合，可能是搭配台菜、法餐或是西餐，司茶師必須對烹調認識有初步的認識及了解，才能夠精準地沖泡出匹配料理的茶湯。

茶的風味藍圖與轉譯串接

5‧侍茶者 Tea Sommelier ── 想像茶與料理搭配變化並做最終呈現

　　侍茶者的工作包含了茶湯拼配、品飲器具、搭配食物。在餐桌上需讓客人認識茶的詳細資訊與風味之外，適度介紹跟引導是不可或缺的，精確地依照風味推薦搭配餐食組合、跟司茶師完整溝通客人需求，都有助於消費者提升對品飲體驗的滿意度。

　　要做到這些事情，侍茶師要能精準認知食物與茶的風味，可以從個人味覺資料庫調出過去的味覺記憶與資料，想像兩者搭配在一起的味道，才能更有效率搭配各種料理與茶款。

　　侍茶師除了熟知風味、對口腔結構有完全的理解以及清楚的品飲邏輯外，更需要的特質是「溝通技巧」。有好的溝通能力，才有辦法連結廚師、司茶師以及消費者這三方，好讓消費者更清楚地理解茶湯、風味以及價值。而上述提到的品飲邏輯，則是指侍茶師需具備能夠把所有味道轉化成語言的能力，包含口腔、鼻腔感受，其實這並不是件容易的事，得擁有豐富廣大的風味資料庫為基礎，才能夠順利地把味道轉換成令人好理解的語言。

　　一位稱職的侍茶師，必須對於任何食材在口腔前中後的味道及變化都能清楚想像得出來才行。我常說，侍茶師必須要建構廣大的風味資料庫，才有辦法推敲風味變化，有時品嚐味道只是一絲絲線索，就必須去思考味道在口中的變化及發展。

　　有了變化與發展的邏輯之後，就能把茶及菜色的味道組合在一起，並且創作出更多不同的風味組合。因為有這樣的能力及特質，能串連讓兩位以上的風味創作者作溝通，把菜色及茶湯濃度調整到最完美的狀態，並呈現給消費者。

不同飲品、食材、料理的共通性

　　如果從風味藍圖的角度切入不同飲品、食材、料理，都是原物料質地變化與工序變化的堆疊，其中的運作邏輯相同。因風味語言開啟了溝通橋樑，我開始學習其他飲品的邏輯架構：先認識咖啡研磨手沖及烘焙概念，認識清酒釀造與品飲，再來是葡萄酒釀造與餐桌服務，再從餐搭的過程學習食材與烹調。

　　寒冷天氣環境所生長的茶、咖啡、酒米、葡萄，所製成的飲品其實都有同樣特點。以下從幾個方面來探討：

從質地來看：

　　植物為了禦寒，果膠質與油脂會特別豐富，糖分也會凝縮，造就了軟嫩且帶著蓬鬆感的質地，日本北陸或東北生長的酒米，也有著細緻與滑順的質地，例如：酒未來或美山錦。就像冬天的漁獲、日本和牛特別豐富的肥厚油脂。

從風味來看：

　　氣候寒冷，除了生長環境，連發酵溫度都相對低，台灣高山茶、日本茶、印度大吉嶺，果酸細緻明亮，經常有青麝香葡萄風味；寒冷風土條件下生長的葡萄的果酸尖銳細緻，像法國布根地與紐西蘭北島的黑皮諾都有著尖銳明亮的果酸，甜度相對較低。

　　溫暖氣候下成熟的茶、水果，酸與甜的變化皆相同，尤其在溫熱的環境下發酵生長，甜度會特別明顯。從質地來看，日照充足且氣候溫暖的產區，植物中的單寧含量高、甜度飽滿，粗澀感明顯。台灣低海拔茶區─南投縣名間鄉、南印度與斯里蘭卡地區，這兩者的茶體與單寧感明顯。而葡萄酒產區，像是法國隆河地區、美國加州那帕、南

非、澳洲，使用葡萄品種「梅洛」釀出單寧飽滿的酒款；再來看清酒，南陸與四國氣候溫暖，常見風味有像芭樂皮、哈密瓜皮、香瓜皮，都是單寧感較豐富的表現。

　　從風味的角度來看，日月潭紅茶或錫蘭紅茶都是在溫暖天氣下生長，成熟環境溫度高、熟度明顯、甜度高。日照充足產區的咖啡豆，也有明顯的熱帶水果風味。就如同在亞熱帶才會有的水果，像是香蕉、鳳梨、芒果的味道。

以人工熟成的角度來看：

　　茶與咖啡的烘焙以及食材的烹調，都是將水分慢慢去除，再使用高溫讓食材、茶葉、咖啡產生梅納反應焦糖化，讓整體風味更簡潔飽滿、甚至集中，做到可以保存或可以食用、飲用的程度。

　　茶與咖啡經高溫烘焙產生焦糖化，有類似糖漿的黏稠感；食材收乾後再煎烤，表面產生酥脆的外皮；葡萄酒、威士忌釀造完成後進入烘烤過的橡木桶、雪莉桶熟成，造就了類似蜂蜜、糖漿般的風味與黏稠感。

茶的風味藍圖與轉譯串接

如何餐搭 Pairing

　　從一開始的風味拼圖、質地變化、設計邏輯、認識每個角色，最後整合起來最困難的點是如何做到餐搭，也就是 Pairing。為什麼說它最難呢？需要整合對於風味的想像與設計、對食材與對茶的理解、對客戶的溝通引導，整合所有一切我們在講的「品飲邏輯」，才能讓茶與料理結合，又能做到 1+1 大於 2 的味覺饗宴。

　　對風味工作者、廚師、飲品工作者來說，餐搭就像是期末考。同時考驗了品飲邏輯與風味資料庫的運用，還有很重要的溝通能力，有時又得直接面對消費者。透過精心安排，思考如何讓茶與料理完美搭配、互相襯托，甚至二次創作出更驚豔的風味感受，而對於一位風味創作者來說，就是展現自己精心設計的作品。

　　要做到好的搭配有幾個條件必須先思考，第一個是原物料的選擇，再來是完整的烹調手法。原物料講的不只是食材，也包含了茶葉；而烹調手法則是強調完整性，因為必須透過精準烹調，才能思考搭配是否正確，舉例來說：如果烹調一條魚，我們希望它是用舒肥並以「煎」的方式下完成，但魚肉可能會煎到焦掉、或是煎不熟，這樣的情況就會直接影響到餐搭的風味表現。

　　在一場美好的餐會前，會是最忙碌的時刻，司茶師與廚師開會溝通，決定整場餐會誰是主角、誰是配角，或者依菜色分配。以我自己的習慣，喜歡安排在迎賓開場、開胃菜、前菜，趁還是較輕盈的烹調方式時，以「茶」為主角，設計 Tea Pairing 時，會讓茶的味道會特別鮮明，甚至協調廚師用烹調方式填補茶的缺點，讓茶風味變得更完美。

　　到了主菜時，我會讓「料理」成為主角，主菜的烹調方式比較複雜，

整體風味也較重，而這時候茶就可以作為配角，補足烹調方式及醬料的細節，讓食材與廚師的烹調手藝變成重點；慢慢到了餐會的結尾，再安排茶和甜點彼此完美結合。清楚主角與配角的定位時，就可以思考建構如何完成茶與餐的搭配。

茶的風味藍圖與轉譯串接

在創作與設計茶餐搭配時，有三個方向可以做參考：

平衡Balance：

攤開味覺藍圖，思考茶與料理的風味路徑，以用互相填補的概念作創作組合，例如：茶在前中段，而餐就會放在中下段，讓整體的味道在味覺的上中下、前中後，都可以是補滿以及平衡的狀態。

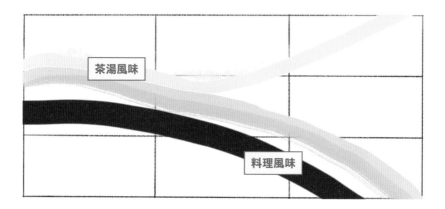

創作Create：

選擇兩款烹調方式及熟成方式類似的食材與茶，讓它們的味譜是在同一階的狀態，可能同時是高階、同時在口腔中段、或同時在口腔下層，利用兩種同樣頻率的味道，類似A+B=C的概念，創作出全新的味道。

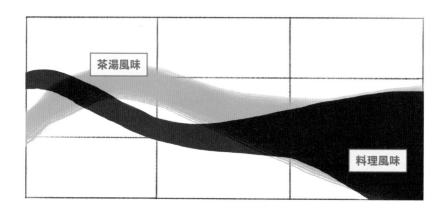

洗滌 Refresh：

如何用茶清洗味覺，讓原本覺得非常膩口的食材，利用茶讓食材變得清爽，讓口腔整體平衡性變得更敏銳，能夠清楚感受到食材與茶的變化。

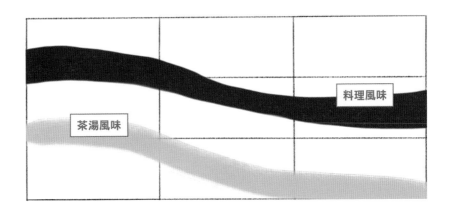

料理風味

茶湯風味

如同一開始所說的，茶搭餐是一位風味工作者的期末考，除了對茶、食材、味道、烹調方式的理解之外，侍茶師必須要正確地引導消費者，如何感受茶搭餐，使用明示及暗示的方式，讓他們直接快速地品嚐並且理解我們想呈現的味道；另一方面，也必須跟廚師慢慢溝通，適時微調菜色的烹調方式，而司茶師依照廚師的烹調方式調整茶湯結構。

與廚師或甜點師開會時，討論邏輯是從原物料質地、烹調方式與醬料一層一層堆疊上去。會思考質地是否能衝接，以及烹調方式產生的風味是否類似，差距不能太大；最後是醬料與調味多寡，來決定茶葉沖泡濃度。比方，廚師說他用大火快炒，我就會用烘焙過的茶款來衝接；而甜點師希望使用糖漬或醃漬的水果，我就會選擇高熟成或高甜度的紅茶來搭配。更多餐搭的實際運用，會在這本書的附錄做說明。

Preview

預先了解
本書收錄的
11支茶款介紹

（Chapter3-5）

抹茶·宇治の昔

88頁

風味 綿密鬆軟氣泡、小白花香、旨味豐富、鮮爽青草香

煎茶·宇治山

100頁

風味 新鮮綠豆、百里香、旨味豐富、新鮮甘蔗、萊姆皮

金萱紅茶·夏至

156頁

風味 花蜜粉甜、紅糖甜、紅棗、龍眼乾

金萱紅茶·蜜夏至

164頁

風味 優雅雛菊、糖霜、新鮮紅肉李子果肉、清爽花蜜

日月潭紅茶·紅玉

172頁

風味 乾燥黑玫瑰、花蜜、柿子乾、肉桂、薄荷

玉露・翠玉

112頁

風味 細緻旨味、軟綿絲綢、清爽花香、糖漿般青甘蔗

普特邦莊園・月漾 春摘

130頁

風味 新鮮蜜桃、小白花粉、青麝香葡萄、萊姆皮

塔桑莊園・喜馬拉雅謎境 春摘

144頁

風味 冷霜、新鮮水梨、白葡萄（灰皮諾）、鳳梨心

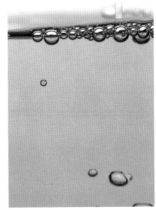

玉山清香烏龍・2020若芽

194頁

風味 梔子花香、蓮霧果肉、白桃、鳳梨心

冬片紅水火

227頁

風味 糖霜、楓糖、熱帶水果蛋糕、芒果醬

玉山熟香烏龍・白露

234頁

風味 焙火香、焦糖甜香、成穩桂花釀、熬煮水梨、細緻木質感

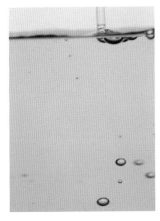

Chapter 3

從「日本綠茶」認識
原物料的
重要性、職人精神

Everything About Green Tea

綠茶是最接近原物料本質的製茶工藝，
由綠茶的角度來切入原物料及質地的表現，
能讓大家更直接地了解茶該有的本質。
包含原物料品質，風土條件、茶園與土地管理，
這些都是影響風味變化的重要關鍵。

這個章節從日本茶的觀點切入，是因為日本大多製作綠茶類茶款，常見的有煎茶、玉露和抹茶，而綠茶是「自然成熟」、「人工成熟」處理工序最少的一種製程，也就是說品質會跟茶園管理以及土地照顧有最直接的關係，本質上必須要做到非常好，才有辦法呈現出日本茶極致純淨的風味表現。

在投入茶產業之前，常接觸的日本茶大多屬於商用茶款，如烘焙用、冰淇淋用抹茶、日本料理店搭餐喝的煎茶或玄米煎茶，甚至有許多日本茶做成的罐裝飲料在通路上販售，當時對日本茶的理解不完整，覺得日本茶大多是平價的茶款。一直到2014年，有位進口商朋友邀請我去日本，真正地觀摩當地的茶園管理，直接走到產地學習的時候才完全改觀。

從「日本綠茶」認識原物料的重要性、職人精神

從日本茶感受「茶」的極致純淨

當時前京都宇治田原町的「矢野園」參訪，矢野園是非常古老的精製廠，矢野家族以前是町長而且又是當地的大家族，無論是在茶葉種植、製茶、精緻都有非常深厚的歷史。

品飲觀念建立篇
日本茶是本質最純粹的表現

Thinking | Doing | Making

3.1

　　品嚐了矢野園的抹茶，當下非常驚艷，居然能夠把茶做得如此極致純淨、沒有雜味、沒有苦澀，僅單單靠碾茶磨成抹茶，就能展現絲綢般的膠質、淡雅茶香，再配合上抹茶老師手刷點出綿密的氣泡感，這樣一層層的質地結合，深深地打動我，當下決定要好好學習日本茶農、日本茶產業的管理方式。

矢野園大門入口。

分工細膩，才能將原物料發揮到最高價值

　　日本茶產業在每個階段都分工得非常細膩，茶農專心照顧茶園、管理土地；而做煎茶、玉露、碾茶的初製廠，他們則專心將原物料發揮到極致；精緻廠如同我們烘焙者的角色，做好茶質挑選、再次乾燥、包裝與儲存；最後則是通路，做好品牌的經營與銷售、產品風味的呈現。日本茶如此精緻的分工，每個角色各司其職，並且具有一貫性的彼此溝通，就能將茶的原物料發揮到最高的價值。

在日本，所謂的「抹茶」是有法條明確規範的，原物料必須使用碾茶來研磨才能稱為抹茶，一般市面上常見的平價茶粉可能是使用煎茶或玉露，甚至是用一般綠茶研磨的粉，這樣的茶粉只能稱之為「綠茶粉」，並不能稱為「抹茶」。

為何「抹茶」有如此嚴苛的定義呢？茶葉在初製廠製作成碾茶後會送往精製廠，主要的精製工作是挑選與研磨。將碾茶打碎後，篩選掉茶梗與葉脈，因為茶梗與葉脈含有較多的粗纖維以及苦澀感，所以先去除掉不好的部分，只留下葉肉，再依照茶款等級，使用不同研磨方式，將碾茶研磨至規範細度的粉末，經過如此繁複的工序才完成。去除了大部分的粗澀與乾澀感並保留蓬鬆與黏稠感，留下來的葉肉本身含有較多氨基酸及果膠質，這就是高端抹茶為何幾乎沒有苦澀味的原因。

抹茶和其他日本綠茶，大多繁瑣的工序都是在處理原物料質地變化，從採摘、切碎、挑選瑕疵、研磨與否就如同廚師將食材瑕疵精修去除，只留下最好部位，去除大部分的粗澀與乾澀感並保留蓬鬆與黏稠感，是一樣的概念；如此重視每個製茶工序細節，都是為了茶湯最後能呈現出綠茶的新鮮風味。日本的製茶師傅特意讓茶成熟或後熟的工序非常少，並不像烏龍茶、紅茶般，還有發酵、烘焙與重揉捻等過程。也因此，日本茶非常重視原物料品質，風土條件、茶園與土地管理，這些都是影響風味變化的關鍵。

從「日本綠茶」認識原物料的重要性、職人精神

品飲觀念建立篇

抹茶帶給我的味覺驚艷

Thinking Doing Tasting

從「日本綠茶」認識原物料的重要性、職人精神

試茶間環境光線明亮，除了自然光源充足再加上日光燈，用視覺就能清楚判斷每款茶樣。

日本抹茶不只在製作環節上重視細節而已，連穿著、茶室擺設、動作、流程、器具，每個細節都有規範，相信大家對於表千家或裏千家在傳達日本茶道的精神應該都不陌生。單論茶碗材質、燒結溫度、茶筅樣式、點茶力道，就有許多細節可以探討。

從「日本綠茶」認識原物料的重要性、職人精神

產季對於茶滋味的影響

More to Know

天候變化是直接影響香氣與質地的一大因素。先從溫度的角度來看：春天溫暖、茶葉生長快速、風味飽滿、酸甜平衡；夏天日照充足、天氣溫熱、風味厚重飽滿、單寧感強烈、果甜飽滿；秋冬氣候寒冷、風味細緻、質地圓潤、果酸尖銳。

用日常的食物來舉例吧！高山蔬菜脆甜，冬天的魚類油脂豐富、夏天的水果香氣亮麗甜度飽滿，這些都是氣候條件影響風味最好的例子。

台灣位於亞熱帶，茶葉在春夏秋冬皆可採收，而且特色分明；而日本緯度比台灣更高，天氣乾冷，就只有三個產季－春、夏、秋，因為冬天氣候寒冷，茶葉不易生長，大多數的日本茶農會在冬天做土地的養護管理。

「初採一番茶」就是我們所謂的「春茶」，在立春過後的八十八夜採收的第一批茶，長時間在低溫環境下生長，質量最好，苦澀感與單寧感較低。高端抹茶幾乎都是使用初採茶製作，初採不只是拿來做成高端抹茶，也會做成高端的煎茶、玉露。而其他季節的茶，像二番的夏茶、三番的秋茶，本身日照充足、單寧感與苦澀感較高，這樣的原物料就會做成商用的抹茶。

　　回憶當時印象最深刻的一款抹茶名稱是：「宇治の昔」。因為印象太深刻，開始努力地研究抹茶，於是奠定了對於茶菁原物料質地的基礎概念。這支茶款屬於「薄茶」的最高等級，已經更接近濃茶等級了，也就是說本身苦澀感非常低，甚至加倍的濃度也可以飲用。

　　品飲後推斷，應該是用「朝日（あさひ）」作為主體，再加入「宇治光（うじひかり）」點綴，以這兩種品種拼配而成。「宇治の昔」有著「朝日」的綿密質地及飽滿旨味（うまみ，鮮味之意），再加入「宇治光」增添香氣層次。特別使用一番茶，於採收前30天覆網，能使茶葉內含葉綠素提高，除了增加鮮味、同時也讓茶湯顏色更嫩綠。

從「日本綠茶」認識原物料的重要性、職人精神

認識茶本質篇
抹茶・宇治の昔

Thinking　Doing　Making

日本茶樹品種多，有著各自的結構與個性，不同品種的質地、香氣也不同。當時在觀摩時發現，他們會將不同品種依照比例混合拼配，我一開始還不了解其目的，到近幾年來才慢慢理解，其實這樣拼配是有意義的、也是必須的。以茶體結構厚實的品種作為主幹，再添加一點滑順跟香氣為重的品種，增添整體質地層次，細緻與平衡，於 4 年前考察時，「品種拼配」的概念已開始在我心中慢慢萌芽。

使用「淺蒸」，維持茶菁鮮爽

以機械採收茶葉，不需擔心會有採摘不均與瑕疵問題，後續毛茶進入精製場後會做瑕疵挑選與研磨工序，所有部位將被均值的混合。確實完成萎凋後以「淺蒸」的方式蒸菁，維持茶菁鮮爽的風味，再以蒸氣保持茶葉濕潤，進到磚窯恆溫乾燥，碾茶就完成了。

日本茶常用的蒸菁機。

抹茶製程篇

茶農、製茶端、精製設定

Thinking Doing Making

3.4

■宇治の昔・初製風味圖

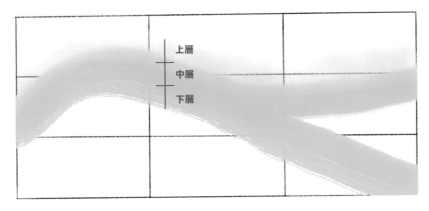

剛初製完成時，水分分佈不均勻，香氣與質地於尾段明顯分離。

中層：毛絨感，覆網與嫩採使葉肉果膠質、氨基酸豐富
中層：明顯粗澀感，初製完成時尚未篩選掉葉梗、葉脈
底層：些微乾澀感，初步乾燥完成，表皮還處於極乾燥狀態，需靜置回潤

低溫研磨，留住抹茶細緻鮮甜風味

　　碾茶在初製廠完成乾燥後，就移到精緻廠靜置回潤，待水分分布均勻後，再進到篩選機裡，將葉梗及葉脈篩選掉。挑選過程中也會產生溫度而流失水分，所以篩選後同樣會進行靜置回潤，最後就是研磨的工序了。「宇治の昔」是使用石臼研磨，而石臼在研磨的過程中，能保持在低溫狀態，保留住抹茶細緻鮮甜的風味。

　　「宇治の昔」的研磨速度為1小時產出20g茶粉，其實非常稀少。經過石臼慢磨，讓葉肉部位研磨成平均600目的茶粉。研磨完成後，再通過金屬檢測儀才算是正式完整的成品。

從「日本綠茶」認識原物料的重要性、職人精神

準備研磨成抹茶的碾茶，會去除掉大部分的茶梗。

■ 宇治の昔・完成風味圖

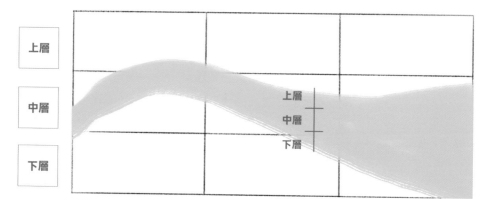

上層

中層

下層

上層
中層
下層

經過回潤、篩選、低溫研磨，香氣變得純粹一致，質地修飾得更圓潤，香氣與質地融合。

上層：綿密鬆軟氣泡、小白花香

中層：旨味豐富，又帶鮮爽青草香

下層：茶感飽滿、輕微粗澀感

易受溫濕度影響的抹茶得趁鮮喝

抹茶本身是研磨成極細的茶粉，因此保存條件也相當嚴苛，或者在極新鮮時就必須飲用完畢。以台灣的溫濕度來說，會建議抹茶冷藏保存為佳，以維持在鮮甜、清爽的狀態。當然最前端的製作工序，還是會直接影響保存狀態，前段在茶葉萎凋、蒸菁的過程中，如有工序製程不完全，則茶葉的保存將會非常不易。我個人會喜歡挑選製作工序完整的茶款，在保存上就會是無疑慮的。

抹茶研磨。

從「日本綠茶」認識原物料的重要性、職人精神

看茶泡茶篇
司茶萃取——抹茶

Thinking | Doing | Making

來「點茶」吧！從外觀判斷水溫水量設定

在點茶之前，先準備好茶碗、煮好水，而因為是茶粉，所以需要確實將抹茶過篩，以確保茶粉不會因為濕氣而結塊，將過篩完畢的茶粉置於茶碗、注入熱水，再使用茶筅將氣泡均勻刷入茶湯內，就可以完成綿密的茶湯。

第一，研磨極細的茶粉必須過篩才不會結塊，濃度設定1：80。

第二，為呈現清新青草與飽滿鮮味，使用黑樂燒茶碗，降溫至75℃沖泡。

第三，考量到點茶的均勻度，水量控制在80至160ml為最理想。

以這款「宇治の昔」做薄茶的表現，我個人喜歡的濃度在1：80，也就是是用1g茶粉對上80ml水。水溫的部分，雖然日本朋友建議是70℃，但我個人喜歡茶體再更厚實的口感，所以習慣將溫度調高到75℃。輕輕地將水倒入茶碗後，拿起茶筅，用M字型的方式慢慢地將茶粉推開均勻後，再加速將空氣刷入抹茶中，等待綿密的泡泡均勻後，就完成了。

抹茶並不像煎茶、玉露、甚至其他的茶款一樣，有著亮麗的花果香，而是以「純淨的原物料調性」為主，而花香、果香則扮演著副香氣襯著厚實純淨的茶體。剛接觸到嘴唇的感覺，是如同奶泡般綿密的氣泡，鬆軟的口感會讓人有滿滿的幸福感。進到口腔是非常純淨的茶感，但又帶有淡雅的花香、青草香，到口腔中段有圓潤又厚實的茶感，更有滿滿的鮮甜。入喉後，清甜及細緻的香氣蔓延到了鼻腔，喉頭是圓潤、鬆軟回甜的，茶的回甘慢慢再從嘴唇、舌面、兩頰慢慢地化開。

從「日本綠茶」認識原物料的重要性、職人精神

從「日本綠茶」認識原物料的重要性、職人精神

關於溫度，不只有在茶葉沖泡時需重視，在茶葉生長、製作、熟成與保存的過程中，環境溫度也都深刻影響著茶葉，並且產生變化。

從茶葉生長到製作，日本綠茶都是在低溫的環境下完成，所以風味才能呈現乾淨且均勻的原物料調性；台灣烏龍茶的生長環境與製作的溫度都較高，風味有綠色水果與花香、甚至到黃色水果的香氣變化；而製作紅茶時，發酵的溫度就必須再更高，才能讓紅茶產生出成熟水果的風味堆疊。

製茶、保存、熟成的環境溫濕度

延伸思考
More to Know

從「日本綠茶」認識原物料的重要性、職人精神

矢野製茶廠內每個環節都有完整的溫濕度控制，以確保製程穩定。

溫度與濕度是影響熟成的關鍵

溫濕度的影響不只有在製作環節上，保存與熟成也要精準地控制環境條件，確保茶葉能維持在製作完成時的風味，這樣一來，熟成後的風味就會往更好的方向發展。先用葡萄酒來比喻：在寒冷環境下生長的葡萄，果酸細緻尖銳；相反地，在炎熱環境下成長的葡萄，甜度飽滿、酸度較低、酒精稍重；釀酒時低溫發酵的葡萄酒風味均勻，大多呈現葡萄原本的果酸、清甜、細緻，同樣發酵溫度較高的產區，高甜度的葡萄能釀造成濃度較高的酒精，會呈現較沉穩、濃郁的風味調性。

一般來說，葡萄酒最適合的保存溫度環境為 8 至 13°C，優良的進口商大多會使用冷藏櫃運輸進來台灣，由於是以低溫保存，葡萄酒就不會因為溫度而產生變質。而葡萄酒的釀造與保存環境來說，若溫溼度過高時，就會產生明顯的酸澀、臭酸味，如同撞到或熱到的水果。以同樣的概念看待茶葉，每個環節溫溼度都必須斤斤計較，才能讓風味朝著均勻且穩定的方向發展。

不佳的品飲感受，有時是來自於不當的保存環境

市場上大多消費者與餐飲工作者對食材的保存觀念相對成熟，但對於飲品標準就非常薄弱，主要是因為食材油脂含量高，一但保存不良而產生了酸化，不好的感受明顯好察覺，甚至拉肚子、跑廁所。但對於飲品來說，溫度產生錯誤的酸味並沒有像食材那麼明顯，因此也常常被忽略，如果以同樣食物標準來看待，茶葉酸化是完全不行的。

從「日本綠茶」認識原物料的重要性、職人精神

因此，茶葉保存的環境條件非常重要，如果過於高溫、潮濕，則會產生明顯的油耗味、生水味、甚至霉味，想像一下如果是在餐廳，食材一旦產生臭酸味、油耗味、霉味，馬上就會被淘汰掉，是完全不能入口、必須丟棄的，畢竟這些都會對人體產生負擔。

用清酒在台灣市場的現況來說明，大多新派的清酒喜歡表現新鮮水梨、蘋果、清爽米香調性，高端的清酒需要全程冷藏保存，從日本酒造出瓶、冷藏到東京，再冷鏈進口到台灣，然後送到門市銷售，全程都需要冷藏保存，就像新鮮水果、海鮮一樣嬌貴。但有些代理商對於保存認知不足或想節省成本，就把清酒存放在鐵皮屋保存、甚至置於常溫的架上販售，就讓酒質產生惡劣的變化，變成像是水果被熱到的酸澀味，甚至有米的發酵酸味，苦澀感、酒精感變得非常明顯又辛口。

因為保存溫度不當而造成台灣大多數消費者對於清酒的認知是有米臭味、酒精感、辛辣感這類的品飲感受，就像大多數人認為喝茶會睡不著、有刺激性，當這件事被大多數人認為是正常時，這些錯誤觀念就會根深蒂固了。

從「日本綠茶」認識原物料的重要性、職人精神

　　第一次喝到高端煎茶是在京都考察時，朋友用冷萃方式沖泡讓我品嚐，當時喝到的感想是：「天啊！如果這就是煎茶真正的風味，那台灣高山茶不用混了！」的確是有這麼誇張的想法，因為當時的印象非常深刻，於是馬上跟茶廠下訂。後來才意識到，其實是京都的水質太好，尤其伏見地區水質更加優良，所以京都才有好酒、好豆腐。在台灣沖泡煎茶時，只要調整好沖泡用的水質，同樣也能做到如此柔軟細緻的風味表現。

　　記得當時對煎茶的認識，只停留在「是沒有經過烘焙的綠茶」，可能帶有刺激性，在品飲前已經建設好「等等會刮胃」與「應該很寒」的心理準備，畢竟之前有太多不好的品飲經驗。但實際喝過後，對煎茶的印象意外地深刻，喝完後身體暖暖的很舒服，腸胃也沒有不適，馬上顛覆我對煎茶的刻板印象，也就此開啟了研究煎茶的漫漫長路。

　　製作成煎茶的品種大多選用「やぶきた」，品種特性是軟甜細緻，單寧與香氣都相當均衡，也是日本種植面積最大的一個品種，不只在宇治、靜岡，甚至在九州、四國都很常見。煎茶的風味特色，需要一定的日照來提高單寧與香氣，這款宇治山種植在京都宇治和束町，和束町大多為山丘地形，也因為日照、雨水充足，造就了這款煎茶有著亮麗且奔放的香氣。

認識茶本質篇

煎茶‧宇治山

Thinking : Doing : Making

煎茶的採摘會等待茶葉熟成時，採摘成熟葉及芯芽，大約是在一心二葉的長度，甚至有些會採到一心三葉、四葉，高端煎茶是使用初摘茶菁，就算成熟到一心四葉，也不會產生太重的單寧感。

雖然在日本採摘也分成手採與機採，但大部分煎茶還是以機械採收的方式做處理，當下有點疑惑，心想那麼細緻的茶為何要去用機械採摘呢？後來進到精製廠後，疑惑就解開了，原因是日本精製廠能做到完整的挑選、分級。

採摘後，先在初製廠進行萎凋、蒸菁的動作，而宇治茶葉的厚度大部分較薄，所以使用「淺蒸」來維持茶葉的香氣及細緻度。蒸菁完成後，就會進入揉捻的工序，細緻的揉捻會讓煎茶的外觀呈現一片片的樣子。

精細的選別、乾燥與熟成技術

在初製廠完成的毛茶，本身瑕疵以及含水量比例都較高，後續的工作會交給精製廠做處理。茶葉一進到精製廠後會先靜置回潤，讓初步乾燥的表面慢慢回潤，再將茶葉投入篩選機，運用空壓及振動把煎茶的成熟葉、嫩芽、細碎分開，再利用色選機把茶梗篩掉。

煎茶製程篇

茶農、製茶端、精製設定

*Thinking | **Doing** | Making*

使用色選機，能精準地將茶梗去除。

　　把所有不同大小的茶葉分類好後，再分別使用適合的火候來乾燥。嫩芽細小嬌嫩，乾燥火候不能太高；成熟葉本身較強韌、面積較大、厚度較厚，所以乾燥溫度相對較高；茶末的部分，因為破碎、接觸面積大，使用較溫和的火候來乾燥。將所有部分都分別乾燥後，再依照比例重新混合，並且保存熟成。

　　我同樣身為精製者，看完如此精細的選別、乾燥、熟成技術後，啟發非常大。希望有一天，能夠把茶做到如此完整的分級，依照大小選別、烘乾完之後再做混合，並且建構好茶葉專屬的熟成空間。

103

■宇治山‧初製風味圖

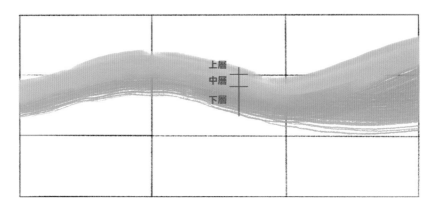

新鮮煎茶毛茶，有著豐富的旨味，但含水量高以及些許瑕疵會使結構稍微鬆散。

上層：輕盈順口

中間：圓潤毛絨

下層：因瑕疵葉帶來明顯粗澀感

■宇治山‧精製後風味圖

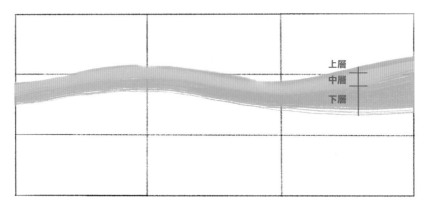

瑕疵挑選完成，並且經過乾燥讓風味結構更集中。

上層：新鮮綠豆、百里香

中層：旨味豐富、新鮮甘蔗

下層：萊姆皮、輕微粗澀感

沖泡煎茶時，有幾個關鍵點：

第一，茶乾是細碎條狀，所以接觸水的面積大，需用一次性萃取來呈現，濃度設定1：80。

第二，鮮綠色茶乾、表皮油亮，飽滿鮮味為主香氣、接續著有著淡淡的新鮮綠豆、百里香花、萊姆皮，使用「急須壺」，降低溫度為75至80℃沖泡。

首先說到「熱沖」，煎茶的茶葉外觀較細小，建議使用一次性的沖泡方式做呈現，以這款宇治山來說，萃取溫度建議為75至80℃，可以把「やぶきた」亮麗的茶香、茶體，充分地表現出來，且不帶有苦澀感，以中低溫度浸泡讓整體的質地軟嫩滑順。

但需要特別注意，因為本身茶乾外觀較為細小甚至細碎，若沖泡技術尚未純熟，並不建議多次萃取，一旦時間溫度稍有失誤就容易將煎茶的苦澀感釋放出來。建議選用大壺來沖泡，通常使用200或350ml的急須壺、瓷壺作沖泡即可；煎茶本身茶體較飽滿，沖泡濃度建議設定在1：80即可。

看茶泡茶篇

司茶萃取──煎茶

Thinking　Doing　Making

從「日本綠茶」認識原物料的重要性、職人精神

　　而沖泡用水的挑選上，建議使用軟水，因為軟水清甜滑順加上煎茶本身的柔軟綿密，兩者結合起來的質地會是細緻、鬆軟又軟甜的。反而不建議使用硬水萃取，過高的礦物質會破壞煎茶軟嫩的質地，讓煎茶失去本來質地細緻的特色。

　　而「冷萃」這款茶時，沖泡濃度建議1g：100至120ml，於常溫放置2小時後即可放冰箱冷藏，水質只要選得好，在台灣也可以品嘗到滑順細緻的煎茶。這款茶經過冷萃後，風味從輕甜的小白花香，綿延到口腔飽滿的鮮甜，既柔軟輕快又帶有空氣感的質地，柔軟地包覆著口腔一直到喉頭，細緻的小白花香與綠色水果輕甜味，從入喉後到達鼻腔，在喉頭的包覆感既鬆軟輕盈又回甘回甜。

司 茶 師 教 你 看

日照充足的煎茶，均勻
萎凋後藉由「淺蒸」能
維持茶湯蜜綠色，再去
除瑕疵讓茶湯更透亮。

■宇治山・冷萃風味圖

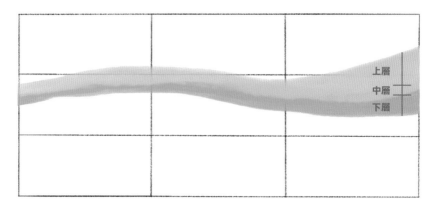

以冷水萃取降低茶單寧所產生的粗澀感，軟水與果膠質兩個都是圓潤的質地，能互相結合出綿密又鬆軟的質地表現。

上層：空氣感質地與清甜小白花
中層：圓潤旨味、綠色水果清甜
下層：茶感明顯

葉肉寬大後肥、旨味與果膠質豐富是「やぶきた」品種的特性，造就了軟綿圓潤的茶湯質地。

從「日本綠茶」認識原物料的重要性、職人精神

水與茶，不同本質的結合

延伸思考
More to Know

從「日本綠茶」認識原物料的重要性、職人精神

水與茶是不同本質的結合，茶必須用水來沖泡，茶葉經過浸泡後，茶與水的個性及質地會充分融合在一起。所以必須重視水的本質、乾淨度、質地、香甜，再加上茶葉所溶出的香氣甜度，讓不同的本質結合再一起，會產生疊加效果。

不只有茶需要重視水，咖啡的沖泡與萃取也是，因為從事茶的相關工作，得認真研究水質。開始練習水的品飲，又需提升敏銳感、更細微地觀察，著重在觸覺的感受，感受水在口腔的形狀、流速、包覆性、滑順感，在很單一的風味當中尋找變化及差異。

因為個人興趣，我特別喜歡品飲清酒，清酒的釀造有80%是水，水對於酒質影響甚大，杜氏（釀酒師）水質運用非常重要。有好水就會有好酒，像京都地區的水質就特別好，還記得到前幾年到京都旅遊，特地安排到京都伏見地區，有著日本三

圖左是「英勳酒造 濃藍 純米大吟釀生酒」，圖右是 松本酒造 まつもと澤屋 守破離 限定釀造酒

110

大名水之一的御香宮神社，當時摸到水的感受就像是手在觸摸絹布一樣，如此輕盈柔順的觸感、軟甜細緻的口感。因為好水，讓我成為京都幾個酒造的鐵粉，每每有朋友到京都旅遊，都會拜託朋友幫忙帶酒回台灣。

但好水取得不易，回台後進而開始研究過濾系統，也是因為工作的關係，需要飛到世界各地考察不同區域的水，該如何泡出好茶。但知名品牌的濾水設備，往往都是不符合當地需求，轉而開始研究過濾材質、流量與壓力，經過長時間測試後慢慢發現，原來過濾材質的變化就跟茶的變化是相同邏輯。水只要流經各種不同濾材，會有不同變化產生，並且如何透過壓力控制水流經濾材的速度，以達到良好過濾效果。然而面對營運上的考量，我也必須精算成本，於是開始跟濾材工廠討論濾材配置，如何去安排配置，在能在符合營運成本的框架下，過濾出好的水。

在這幾年，覺得自己好像是水質檢測醫生，飛到各國家判斷水質的狀態後，就馬上可以開出過濾配方，調整當地的水質。而到現在更進一步的理解，為了讓茶湯的風味結構能夠應付各種場合，需更專精於水的質地，例如：軟水沖泡適合純飲，而硬水沖泡則適合搭餐；於是思考該如何利用過濾設備及器材，達到心目中所想要的水質軟硬度，開始實驗如何拼配水，能自由地控制水的軟硬度，並符合想要的茶湯表現。

■ 濾水設備材質的種類與特性

材質	PP 棉	活性碳	樹脂	中空絲膜
特性	過濾水中雜質	吸附水中化學藥劑與雜味	吸附水中鈣鎂離子	過濾水中生菌

以上濾水效果為：PP 棉 > 活性碳 > 樹脂 > 中空絲膜

從「日本綠茶」認識原物料的重要性、職人精神

2019年時受日本友人所託，協助當時位於東京的一間星級餐廳處理玉露做精製時，才認識「翠玉」這款茶，它並不是常規茶款。其實這款玉露本身已經非常好了，不管是外觀與色澤都是頂級，但玉露本身風味就是以純淨細緻的調性取向，因為過於細緻反而在餐搭上會有困難，風味結構較難與料理搭配。

而玉露本身也是屬於綠茶的一種製程，簡單來說，算是煎茶的加強版。在煎茶的每一道工序上，玉露會用更極致、細緻的工藝來製作。在茶園管裡上，煎茶需要日曬，而玉露則是以覆網技術增加茶葉的葉綠素及氨基酸含量，降低單寧造成的粗澀感；在揉捻上，以毛刷的方式，將揉捻力道降到最輕盈，保留茶葉原物料的細緻質地。

有些高端玉露甚至使用手工採摘，幾乎是不用做到色選分篩。既然都有覆網了，玉露的風味表現就會跟抹茶相近，以鮮味、清甜、乾淨、細緻為表現，以玉露的風味設計來看，就是適合純飲的，要做到餐搭則是有難度。

玉露揉捻機。

認識茶本質篇

玉露・翠玉

Thinking · Doing · Making

112

茶款本身來自於福岡縣八女市手工採摘的有機玉露，有機採摘一心一葉的嫩芽、嫩葉，瑕疵的產生會降到最低。使用覆網的技術，讓茶葉在早期生長時還是有接收到陽光，而在採摘前20天使用黑網遮擋陽光，如此茶菁本身的香氣跟鮮甜度都足夠，香氣、厚度、結構都可以做到平衡的程度，有前段日照產生的香氣，也有覆網產生的鮮味跟柔軟度。

覆網

從「日本綠茶」認識原物料的重要性、職人精神

煎茶製程篇

茶農、製茶端、精製設定

Thinking | *Doing* | *Making*

3.10

首次嘗試以焙火來修飾玉露的風味結構

　　日本朋友將茶葉寄到台灣時，第一次試喝就覺得茶農真的很用心製作，很少看見有機玉露可以做到如此均一化的外觀與色澤。起初在測試時，我們溝通如果以日本的烘焙技術來看，高溫的熱風會讓茶焦糖化，低溫也容易讓玉露鮮爽的部分變得太過乾燥，也不能使用鑄鐵鍋、甚至土鍋做焙煎，所以當時我提出，那我們用焙籠來試試看。

　　日本的烘焙技術，大多以鑄鐵鍋或是熱風的方式在做烘焙，太接近熱源，會把玉露特有的細緻破壞掉。經過長時間溝通與討論的結果，我們決定使用台灣傳統焙籠，以溫火慢焙的方式，將玉露的風味結構修飾得更緊實飽滿。

　　考量到空氣對流，5斤的焙籠一次只能鋪500g茶乾，而且焙茶空間的濕度與空氣乾淨度格外重要。先使用65°C焙大約3小時，以低溫慢慢將水氣去掉並焙到茶心，翻動茶葉時必須更輕柔，避免讓茶葉更破碎。去掉水分後就可以開始加溫，最高溫度到80°C收尾，讓整體風味表現更有結構且不失原本玉露特有的細緻風味。

從「日本綠茶」認識原物料的重要性，職人精神

■玉露・精製前風味圖

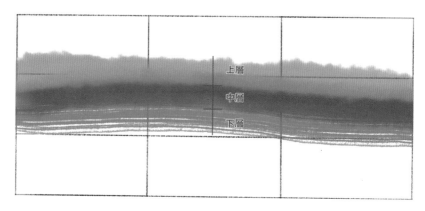

在次乾燥前，含水量偏高，風味層次較鬆軟，可明顯感受水嫩黏稠。

上層：蓬鬆圓潤
中層：輕盈順口
下層：粗澀

■玉露・精製後風味圖

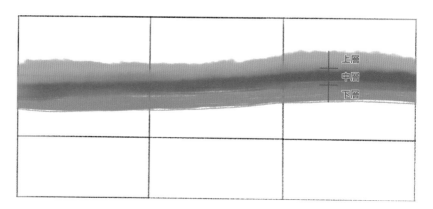

精修乾燥後，茶乾含水量降低，風味層次凝縮集中。

上層：新鮮綠豆清甜、清爽花香
中層：糖漿般青甘蔗
下層：茶感清楚、輕微粗澀

玉露茶乾比較細小，因此烘焙時每個動作都得小心翼翼。

選擇以「冷萃」的方式萃取，比例為1：120，使用常溫水浸泡2小時後再放入冰箱冷藏8小時，呈現當時企劃的風味想像。

這款茶湯入口時，風味表現是新鮮甘蔗並帶有綠豆的甜香，中段涓涓膠稠的口感表現得像涓布般滑順，鮮味佈滿整個口腔，從上顎到舌面再延伸到兩頰都是滿滿的清新感，也將花香、尾端喉頭清爽的檸檬皮與綠色水果皮的香氣一層一層化開。這樣的風味搭配上京都的涓豆腐，或是有海帶芽的清爽前菜一定非常美味，甚至配上甜蝦刺身或是透抽刺身也非常棒。

■玉露．冷萃風味圖

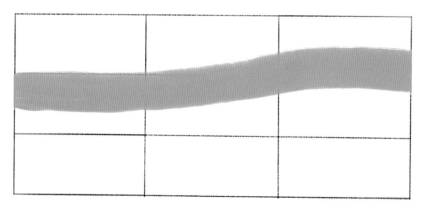

使用軟水萃取，黏稠與軟甜質地結合，香氣層次又往上提高，更輕盈軟嫩。運用技術調整沖泡條件，只萃取出上、中層細緻黏稠的部分。

上層：蓬鬆柔軟小白花香、綠豆香甜
中層：涓綢般的鮮甜、綠色水果的多汁感

看茶泡茶篇
司茶萃取——玉露

*Thinking \ Doing \ **Making***

3.11

從「日本綠茶」認識原物料的重要性、職人精神

做個關於日本茶的小結，大部分高階日本茶風味設計理念是以純淨細緻為主，不會太過張揚華麗，以原物料本質為主體做各種延伸變化，主香氣是茶與旨味的鮮爽、滑順，而花香、果香則是以副香氣的方式襯托並做到平衡。要支撐如此完整的製茶工藝，土地管理及茶樹健康狀況真的非常重要，得保持土地永續、做到專業分工，以及整個民族本身對文化的傳承與重視，珍惜製茶職人和他們的技術經驗，在各領域將自己對日本茶的專業發揮到極致，這個精神值得敬佩與學習。

如何照顧養護土地，作物就會忠實呈現出那樣的滋味

讓我最印象深刻的，還是在土地管理的部分，以「永續」的概念為出發點，從土壤有機質的建構、根系養護、抑菌培養，讓茶樹可以快樂地在土地上生長。再來就是茶園管理的透明化，使用何種肥料作施肥、灌溉，每個農園都會清楚明確地記載下來，茶農們將茶葉製作完成之後，也同時會把這些數據記錄，呈交給日本農業協會，再由精製廠跟農協競標。

日本農業協會將茶農的耕作方式公布出來，讓各家製茶廠競標。以競標方式反而可以讓農民們努力在自己的茶園管理上，更捨得施肥、做好土地養護，土地就得以有更好的照顧，當然消費者也能購買到好品質的茶葉。

希望台灣茶未來能夠發展到如此正向的循環，在好的循環下，從市場到土地都能得到永續發展與經營。

黑色土壤擁有豐富有機質與養分，可孕育出健康的茶樹。

任何茶都適合陳年嗎？

從「日本綠茶」認識原物料的重要性、職人精神

延伸思考
More to Know

什麼茶都適合存放嗎？適合存放陳年的茶必須有完整熟成的工序才行。低發酵度與新鮮的茶是無法陳年存放的，就算存放了也只是讓茶葉變質、腐壞、風味衰敗，而導致無法品飲。經常有些茶友或讀者會拿出一些朋友贈送的綠茶或高山茶，說：「太昂貴了、捨不得喝，所以我放了5、6年，這樣應該很值錢吧？」用水果來比喻回答，新鮮的水果如果在第一時間內沒有吃完，水果氧化會黑掉腐壞。若要存放就必須乾燥做成水果乾或做成蜜餞，而新鮮的茶就好比新鮮水果，如果沒有在一定時間內飲用完畢，風味就會衰退、腐壞，不適合飲用，當然也沒有存放的價值與意義。

高端的日本煎茶、玉露、抹茶，都是屬於新鮮細緻型的茶款，以輕發酵的工藝呈現最貼近茶的本質，必須存放在低溫的環境裡，並且必須盡快飲用。就如同剛採下來的新鮮水果，需要盡快食用，若沒有食用就必須冷藏才能延長鮮度以及稍微拉長保存時間。而能夠存放的茶款，條件是成熟度與發酵度都做足，然後經過充分的乾燥與烘焙。

原物料本身的成熟度高、甜度、厚度都足夠，再經過人工熟成，將水分去掉、糖化，有如此的條件就可以陳年，經過時間的熟成風味才會往好的方向發展。舉例來說：新鮮的菜頭要盡快食用、不適合存放，或是花時間把菜頭曬成乾、再慢慢放成菜脯，使它慢慢陳年。

從「日本綠茶」認識原物料的重要性、職人精神

成熟度足夠的茶款經過存放
陳年後，會轉變成類似老菜
脯的顏色。

從「紅茶」認識
拼配、發酵與
熟成工藝

Everything About Black Tea

從「茶菁原料」質地變化，
再加入了發酵成熟變化，堆疊出各種紅茶風味。
紅茶發酵工藝就好比水果隨著時間慢慢由綠轉紅，
果酸從尖銳轉變成柔和沉穩，甜度也隨著時間越來越高。

回到茶產業之前，曾經在葡萄酒進口商擔任業務工作，當時對於葡萄酒莊園的管理方式、酒類分級制度、酒標明確標示，非常嚮往。因為出生在茶世家，很清楚地看見父親對茶的努力付出，當時心想，如果政府對於茶的產地、土地、製程分級制度上有明確的法條規範，那消費者就能更容易認識茶，就不會發生消費者對茶的不信任，以及市場與茶農間溝通的障礙。

從業幾年後，慢慢了解，就算茶葉產地、製程都清楚標示了，回到最根本，還是在於消費者對於風味認知標準、沖泡萃取概念皆有著極大落差。畢竟酒類在裝瓶前就已完成風味設定，而茶還需要經過沖泡，萃取條件對於茶湯風味影響太大。最終到消費者口中時，可能天差地遠，如此結果也同樣會讓品味者對茶不理解，如同產品本身偏離市場需求，沒有產品力可言。學習好「風味品飲」，自然就能調整各種萃取參數，就能駕馭風味更細緻的茶款。

一直到了2012年，好友與我分享從印度大吉嶺競標回來的莊園茶，回想起當時品飲葡萄酒的感覺，就像法國布根地的Premier Cru一級園白酒，風味完整又純淨，馬上跟朋友請教怎麼會有如此細緻的茶款，如同剛採下來青綠色的新鮮葡萄、多汁的果肉感帶有小白花香及白桃香。驚豔的是，原來茶也可以做得跟莊園酒一樣，風味清晰層次又豐富！

認識莊園紅茶篇
印度大吉嶺的莊園茶管理

Thinking | *Doing* | *Making*

導入莊園概念，土地永續與產業共好

　　印度大吉嶺會有這樣的莊園制度，主要是英國人早期殖民的關係，將英國酒莊的管理制度運用在茶園管理上，從土地管理、製茶過程、拍賣及銷售制度都建構得非常完整，後期大吉嶺則沿用至今。一個莊園的大小，從南到北可能有20至30公里，區域內有好幾座山、幾條河，如同台中市一樣大，在茶園土地管理與照顧上，需要各個村莊的人們一起努力照顧。茶園位於廣大的莊園內，海拔有高有低，有不同面向，風土條件也會跟著各區微型氣候不同而變化。

普特邦茶園一隅。

　　大吉嶺紅茶又名「香檳紅茶」，大吉嶺位於喜馬拉雅山的山腰上，氣候乾冷、天候變化劇烈、產量極為稀少；以莊園的概念管理，土地沒有汙染，並不像低海拔的茶區著重厚實的紅茶風味，反而做出如同香檳般輕盈、細緻的風味。

　　莊園管理茶園的方式如同葡萄酒莊園一樣，在廣大腹地的莊園內將茶區分成廣域、一級甚至是特級，再依照自己的製作理念，尋找最適合的地塊製作，大部分的莊園喜歡做出青麝香葡萄、青柑、甚至核桃果的韻味。

大部分的莊園主人，同時身兼製茶師Tea Maker，構思好茶款風味結構後，會開始在自己的莊園內尋找適合的原物料。舉例來說，若想表現粉甜細緻的冷霜感就會選用向北的茶園，這些都是基於科學及理性的架構下而創作出來的茶款，之後再依照等級分類，可能在拍賣場做標售，或者直接連絡訂製的客戶。

當時就定下目標，希望自己有朝一日也能用莊園的方式製作台灣茶，從土地永續到整個產業鏈的共好，讓茶可以端上餐桌、可以進入到拍賣場，用莊園的概念，讓台灣茶往下一階段邁進。

紅茶的製作工序從採摘、室內萎凋、揉捻、發酵到最後乾燥，與台式烏龍茶相較起來，其實工序並不多也不複雜。然而工序越簡單、原物料就越重要，就如同好的食材只要經過輕微的烹調及調味，即可呈現美好的風味。但並不是指紅茶的原物料重要，而烏龍茶、綠茶的原物料就不重要，茶菁原物料對於各種不同工序與手法來說，都一樣深具重要性。

從「紅茶」認識拼配、發酵與熟成工藝

2015年的「普特邦月漾」，對我在茶葉創作上有很大啟發，想起當時在台北好友—麗采蝶茶館的楊老師引導下，開始認識大吉嶺莊園茶，同時也認識純淨與乾淨、純粹的花香與粉甜、青葡萄果酸、核桃果韻味，風味旋律有如完整的樂章，一層層地堆疊，除了驚艷，找不到其他形容詞。

楊老師說，Puttabong莊園的名字是由兩個字組成，「Putta」是葉子，而「bong」是房子，是印度最古老、也是最大的莊園之一。普特邦莊園成立於1852年，位於大吉嶺西北邊，莊園向北延伸20公里到達錫金邊界，海拔最高2100公尺，莊園內有75％的茶園都面北。在這樣的風土條件下，可以想像到氣候是乾冷的，不管是茶樹生長過程或製茶過程，都是在低溫乾燥的環境下完成，風味有如新鮮的麝香青葡萄，莊園的夏摘茶是在溫度足夠的環境下生長與發酵，整體還是以乾燥的環境為主，風味呈現出熟成桃子、紅黃蘋果的風味。

認識茶本質篇

普特邦莊園・月漾 春摘
Puttabong, Moondorp

Thinking　Doing　Making

印度大吉嶺的普特邦茶園

普特邦莊園的土地，大多為遠古海底的多層次岩層，經地殼變動後來到高山，特有的土壤帶給茶樹豐富的礦物質。這裡的茶園都屬於自然生態的有機管理、100% 有機認證，聽著楊老師敘述到這，腦中馬上抓出三個重點：第一是「乾冷環境」，第二是「礦石感」，第三是「有機栽種」，還沒喝到茶，心裡先建構起茶湯結構，茶款會有一定程度的乾澀感與粗澀感，再加上堅硬的堅澀感，所以骨架立體厚重、可能過於粗壯，應該會缺少細緻軟甜的部分。

大吉嶺的茶園管理與拼配

茶湯入口後，對莊園主人的管理專業及製茶工藝敬佩不已，同時兼顧茶湯立體結構與細緻軟嫩的香甜、在質地及味道上也取得完美平衡。楊老師看見我驚訝的表情，笑著說：「我知道你在想什麼！既然是乾冷的環境，那就要建設好灌溉系統啊，那你可以想像這個莊園有多厲害了吧！」在這麼大的腹地肯定是個大工程。活用適當的茶園管理使水分能保留於土地中，再讓茶樹適應乾冷氣候，主根會往土地深層生長，去尋找水分，再運用植被保留水分，而且莊園是如此廣大，更需有完善的管理與系統。

紅茶製程篇

茶農、製茶端

Thinking｜*Doing*｜*Making*

　　在製作工藝上，莊園主人最擅長使用拼配工藝，來創作出極致的風味。頂級茶款在建構好風味藍圖後，使用莊園內最優質的茶園，且依照風味特色及茶樹品種個性分類，有固定的團隊與專人照顧，再由特定人員採摘。製作成茶葉後，依照比例拼配、創作出極致的風味表現。製作團隊定期會進行專業訓練，於採摘前會更密集地訓練相關專業。目的是為了將每個拼圖都做到極致，最後再由莊園主人依照比例調配，可能是5種以上的配方，維持細緻飽滿與純淨原則的創作。作品風味曲線幾乎沒有斷點，一層一層不斷地堆疊，綿延至鼻腔、喉頭，慢慢收尾回甘。

　　品飲「月漾」是我每年最期待的事，楊老師洋洋得意的對我說：「這款茶只有一點點而已，你要認真地喝它！」嗯！我真的非常認真地感受與學習，居然有茶款可以做到風味完全沒有斷點，而且是由5種品種拼配而成的，這個工程其實遠比單一品種的製作困難許多，莊園主人必須了解各區的風土條件以及茶樹品種、年份、採摘等級、製作方式，再加上清楚的邏輯、適時與團隊成員溝通，才能做到如此完美的作品。

從「紅茶」認識拼配、發酵與熟成工藝

以莊園的資源及團隊的力量去完整一支茶款，是目前在台灣遙不可及的事，但也成為我心中的目標，接著楊老師提到製作「月漾Moondrop」的故事，莊園原先的代表作品是「皇后Queen」，就是以這些資源與管理下做出有如皇后般優雅、氣質、華麗的代表作，一直到近10年來，其他莊園的月光Moonlight品項得到拍賣場的最高價格，莊園主人心想，我們是如此悠久資深的莊園，必須創造出一款超過Moonlight的茶款，所以月漾Moondrop因此而誕生，要呈現出比月光更上一層的晶瑩剔透、月光皎潔，並且有如凝露般渾圓飽滿，但也因此每年產量可能也只有十幾公斤的限量製作。

從「紅茶」認識拼配、發酵與熟成工藝

大多的Moonlight都是以肥厚毫芽的AV2製作而成。

熟練而多變的拼配創作

　　拼配技術一直都是普特邦的製茶傳統，無論是春摘或夏摘，每次在品飲都有新的風味變化。Moondrop在品種的選用上，也難以猜測到底是用什麼品種做拼配，大概有幾個線索可以感受：它有綿密、圓潤的麝香葡萄果肉感，可以想像是用AV2樹種；再來，它有厚重扎實的底韻，可能是來自於單寧結構強壯的China中國種，帶有一些香甜系的圓潤、補足整體的風味結構，運用各種品種的特點拼配出月光皎潔飽滿的風味表現。

先前已了解「月漾」的綜合製茶及莊園資訊，以及源自乾冷的成長環境以及高礦物質的土地，而在水質選用上，我會建議使用軟水做沖泡，用軟甜滑順的口感來修飾堅硬與乾澀的骨架，運用沖泡手法讓風味的廣度及平衡性更好。

採摘如此細緻的嫩芽、嫩葉，表示其茶質厚重飽滿、內容物多，萃取的比例可以稍微調整，將茶水比拉高，確保風味平衡性及廣度，從茶乾可判斷基礎的茶葉資訊，接下來就是沖泡了。

取出茶乾從外觀開始判斷：

第一，月漾是一款拼配作品，嫩芽、毫芽比例高，嫩葉、成熟葉較少，且乾燥葉較多。

第二，低發酵紅茶，茶乾香氣是青麝香葡萄皮與果肉甜。水溫不能太高，利用中溫約85°C拉長浸泡時間，把細緻的風味層次與露水般剔透飽滿的風味如實表現出來。

從「紅茶」認識拼配、發酵與熟成工藝

看茶泡茶篇

司茶萃取——月漾 春摘

Thinking / Doing / Making

　　將濃度設定在1：80，選擇使用一次性的沖泡方式，以大壺泡來呈現月漾，使用320ml的大壺、投茶量為4g，先用沸騰的水做溫壺預熱，再投入茶葉，使用輕柔的水柱，確實將茶乾打濕，稍微等待5秒後即可出湯，預熱茶葉醒茶，同時將茶葉外皮的乾澀感修飾去除。接著將水溫降低至85℃，同樣使用輕柔的水流慢慢注入，避免茶葉過度翻動而造成過度萃取，浸泡4分鐘後即可出湯。

　　輕盈的粉甜撲鼻而來，像在青綠色葡萄上層裹了一層糖粉。茶湯一入口，小白花、蜜桃多層次的香氣蔓延至鼻腔，青麝香葡萄緊跟在後。飽滿的葡萄果肉感慢慢落在口腔中段，綠色葡萄酸襯著甜感達到平衡。茶湯入喉後，舌面留下葡萄皮、檸檬皮的粗澀感會慢慢化開。如同茶款名稱Moondrop，有著月光的皎潔輕盈，又是飽滿剔透的凝露。

司 茶 師 教 你 看

低發酵的春摘，茶湯為透亮的橙黃色，帶有粉嫩小白花與豐富的青麝香葡萄香甜，風味類似少了酒精的泡渣白葡萄酒。

■月漾‧完成風味圖

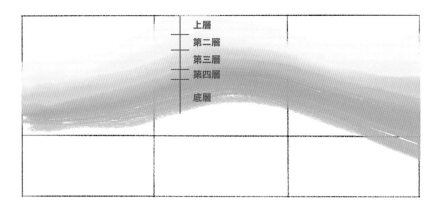

頂級大吉嶺莊園茶款，風味層次豐富；AV2 樹種肥厚的茶芽讓中段風味圓潤沉穩。

上層：嫩芽 蓬鬆鬆軟，鵝黃色蜜桃、小白花粉

第二層：茶芽 輕快順口，青麝香葡萄果汁

第三層：嫩葉 黏稠感，成熟葡萄果肉酸甜

第四層：成熟葉 粗澀感，葡萄皮、檸檬皮

底層：乾冷氣候的乾澀感，以及土地豐富礦物質帶來的堅澀感

大吉嶺的莊園茶在莊園裡完成初步製作後，會將乾燥度確實做足，因為必須出口到國外，足夠的乾燥才能讓茶款有更好的保存條件。有些莊園會使用木箱、有些莊園會使用鋁箔袋，莊園內頂級的茶款都是用木箱來存放，木箱上會清楚標示所有茶款的資訊，就如同葡萄酒標示，會把產地、品種、拼配及釀造方式等資訊清楚地標示在酒標上，而大吉嶺茶款的木箱也是一樣，會標註莊園、認證、茶葉生產批次。假設製作的茶款是Moonlight，就會清楚標示採摘等級、各種國際認證。

莊園茶精製

從「紅茶」認識拼配、發酵與熟成工藝

延伸工序
More to Know

　為避免運輸過程中的溫度起伏會影響茶葉品質，麗采蝶茶館堅持使用空運將大吉嶺茶運回台灣，畢竟走海運會有存放貨櫃而讓溫度過高或者受潮的風險產生，而唯一無法避免的是，台灣海關必須開箱抽查，所以每一個木箱在海關會被撬開、取出茶樣，送檢無毒之後才能放行，對我來說，木箱破損是小事，而茶葉因為開箱而造成保存不當才是大事。

　經過幾番波折，茶葉終於進到茶館，接下來就是挑選瑕疵的工作了。與台灣茶相同，會有老葉、過度被叮咬的葉子，難免也會有茶梗和異物，這些都是需要挑選的，而每次新茶到時，我都會到台北跟楊老師一起挑茶、試茶。如此細緻的大吉嶺茶不適合再次回火乾燥，在挑選時，我們必須使用鑷子或者配戴無味道的橡膠手套，才開始進行瑕疵篩選，挑選完難免會產生一些細末，我們都會把這些細末收集起來，製作成冷泡茶來喝，風味有如頂級的白酒，品飲感受是花香、青葡萄、桃子，有點像法國布根地或是像阿爾薩斯天然產區所生產的頂級白葡萄酒，最後將篩選好的茶葉完整分裝，再放入脫氧劑、確保包裝內沒有多餘氧氣讓茶繼續變化後即可出貨。

　　除了普特邦莊園，另外一個令我著迷的莊園是「塔桑莊園」，莊園是1863年開始運作，即成為大吉嶺最高莊園之一，茶區最高達到2400公尺，大多種植著大吉嶺當地培育的新品種。

　　塔桑莊園以精準數據、精製化的品牌理念，不只細心照顧茶樹的健康及土地，在製茶工藝上，更將細節堆疊至完美，做到單一樹種表現極致風味的理想，這需要從上到下的專業實力及執行力，在強大的執行力底下，以最適當的土地管理方式來照顧莊園內每一塊土地以及不同品種的茶樹。

　　除了土地管理講究，在茶廠管理上更是做到一塵不染，難以想像已有幾百年歷史莊園裡的茶廠是如此乾淨，從土地到製作過程，他們重視各個細節所堆疊成純淨、極致的原味，這就是塔桑莊園的製茶理念。

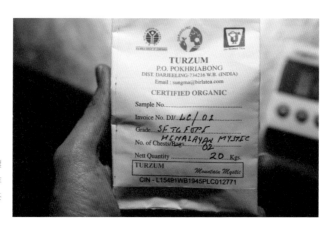

莊園的茶樣會清楚標示，採摘等級、製作批次、製作數量、茶款名稱。

認識莊園紅茶篇
塔桑莊園‧喜馬拉雅謎境 春摘

Thinking　Doing　Making

位於喜馬拉雅山上的塔桑莊園。

塔桑莊園在製茶上的想法有別於大吉嶺其他莊園，莊園主人本身對風味的想像及主體結構的建置、對原物料的理解，更必須精通並運用在製茶技術上，才能創作出專屬於塔桑莊園的作品，例如：喜瑪拉雅傳奇Himalayan Mystics，是用喜瑪拉雅山壯麗宏偉的畫面來想像，用自家莊園海拔2000至2400公尺北向的優質茶園，刻劃出壯麗、優雅、經典的風味。

而我個人獨鍾的「喜瑪拉雅謎境Himalayan Enigma」，表現出喜瑪拉雅山被雲霧包圍、雪白的山巒若隱若現，彷彿走進了高山的雲霧當中，雲霧的水氣打在臉上，有點濕冷但卻帶有森林的清新香氣，走出雲霧的那一刻，即是雄偉壯麗的風景。

從「紅茶」認識拼配、發酵與熟成工藝

紅茶製程篇
茶農、製茶端

Thinking | **Doing** | *Making*

4.6

要完成如此的風味表現，有幾個關鍵：

第一，要做出雲霧冷霜感，需選擇輕盈細緻的茶樹品種。

第二，要兼顧宏偉壯麗的感受，採摘與製作時就必須要精準。

第三，必須符合莊園純淨的風味特色。

　　每個製程的環節都必須嚴謹，莊園主人使用P312的年輕樹種，寬薄小葉可展現輕盈上層又鮮明的果酸粉甜與毫香，而茶園選擇海拔2400公尺北向的土地，北風的乾燥寒冷賦予了茶樹冷霜以及精油感，土地飽滿的礦物質，即使嫩採新芽，風味也有一定的紮實感跟飽滿度。

　　從我的角度看待「謎境」這支茶款，莊園主人安排了三個極致的風味：小葉、乾冷、厚實礦物質。運用這三種極強的風味堆疊出謎境的特色，讓整體風味的呈現有拉扯感、競爭感，風味層次若隱若現、交錯跳動，一層一層堆疊出既輕盈又壯麗的風味表現。

一位專業的泡茶者看到「謎境」的茶乾，就會開始想像這支茶並不好表現，P312本身屬於小葉種，葉薄、茶乾較細碎，在水流翻攪時需特別注意不能太大力，要輕輕地、緩緩地，才能達到均勻萃取、不會局部過萃；細聞茶乾，以春摘來說，發酵度算高，帶有點黃色水果的香甜又帶有些乾澀感。

從幾個關鍵點可以判斷沖泡條件：

第一，P312本身就是薄葉，茶乾容易破碎，嫩芽比例又高，濃度設定在1:80。

第二，茶乾香氣帶有乾澀感，像是高山蜜李的感覺，甜度與果酸在乾香就可明顯判斷，萃取溫度抓在90至88℃，保留細緻風味。

接著，一樣選擇瓷壺，使用88℃的熱水作沖泡，使用出水良好的手沖壺來沖泡，盡量避免使用直接、強力的細水柱，建議使用力道輕柔、流速快的大水柱。由於薄葉的關係，溫潤泡的時間需拿捏得非常精準。煮水至95℃並確實溫杯與溫潤泡，溫潤泡後稍等片刻，讓所有茶乾的溫度都到達一致，再開始注入熱水，輕輕緩緩地注水，讓細碎的葉子可以均勻攪動，之後浸泡3分鐘，讓茶葉緩慢均勻地釋放風味。

看茶泡茶篇

司茶萃取──謎境 春摘

Thinking · Doing · Making

　　而杯子的選用，建議挑高燒節溫度的白瓷，可以使用束口、圓口的杯子來品飲謎境，如同青芒果、青梅般的鮮甜，在入口瞬間就可清晰感受到冷霜、花粉，像青澀白透水梨般的清爽甜感，多層次的香氣沿著上顎直達鼻腔，清新果酸到了舌尖後開始慢慢轉化成熟成的白葡萄香甜，質地如同葡萄果肉般軟嫩細緻，清新水果的酸感慢慢延伸到兩頰，白色水梨的果肉留在口中慢慢化開、回甘，再以鳳梨心的香甜慢慢收尾，完美呈現出「謎境」前段輕盈、冷霜、飄渺，中後段扎實壯麗的風味結構。

從「紅茶」認識拼配、發酵與熟成工藝

司 茶 師 教 你 看

每個製茶工序都精準到位，讓茶湯由裡到外
是清澈透亮的橙黃色。

■ 謎境・完成風味圖

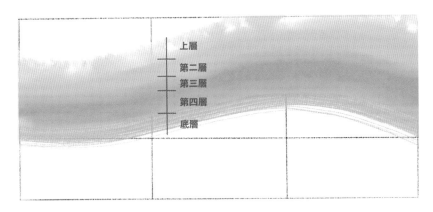

上層
第二層
第三層
第四層
底層

P312 薄葉型樹種加上向北乾冷茶園，使整體香氣輕盈上揚。

上層：嫩芽 蓬鬆鬆軟，新鮮水梨、冷霜、花粉

第二層：茶芽 輕盈潤口，白葡萄果肉香甜

第三層：嫩葉 黏稠，成熟鳳梨心

第四層：粗澀，黃萊姆皮

底層：乾冷氣候 乾澀感

跳脫茶色與名字既定印象

從「紅茶」認識拼配、發酵與熟成工藝

延伸思考
More to Know

大吉嶺的春摘紅茶大部分都是在乾冷低溫的條件下發酵，而發酵程度不高的情況下，茶湯顏色會呈現金黃、琥珀，甚至是橙黃色。如果採摘條件再更細緻的茶款，甚至會是接近白茶的蜜綠色。

就工序而言，製程是以紅茶的方式來製作，茶湯顏色卻不是紅色，對於一開始接觸大吉嶺茶的消費者會覺得：「咦？這是紅茶嗎？」「這應該是綠茶或是烏龍吧！」但就工序而言，它確確實實是紅茶無誤，這與「台灣烏龍綠茶化」的概念類似，因為包裝技術進步，讓低發酵、低熟成的茶款得以保存，在真空袋裡不易變質。

台灣傳統烏龍茶原先也是做半發酵且經過烘焙，茶湯會呈現琥珀、褐色，現代的台灣烏龍茶若以低發酵的方式製作，則茶湯也是蜜綠與金黃色。若以同樣邏輯回來看大吉嶺茶，春摘的天氣寒冷、發酵度低，茶湯會呈現蜜綠、金黃色；而夏天的發酵度高，茶湯呈現鮮紅、琥珀、橙紅色，是我們一般常見紅茶的湯色。

因為時代的進步及工序的多元發展，綠茶、紅茶、烏龍茶就必須跳脫茶湯顏色的觀點來看待或定義，要使用「工序製程」來去定義它到底屬於何種茶款。

從「紅茶」認識拼配、發酵與熟成工藝

在還沒接觸到大吉嶺紅茶之前，我一直在思考，有什麼樣的紅茶能夠代表台灣。

2009年時，父親藍芳仁老師剛好在農會服務，跟農民宣導將夏天採的金萱製作成紅茶，夏天的茶本身日照充足且單寧較高，並不適合做成烏龍茶，就算製成烏龍茶，大多也是讓飲料廠收購。然而，紅茶需要厚重的單寧感，剛好是夏天充足的陽光能夠給予。

以上兩個因素，讓父親覺得將金萱的夏茶做成紅茶，一來可以增加農民收入，二來可以補滿小葉種本身單寧感的不足。那為何我覺得它代表台灣呢？金萱品種其實早在日據時代就是為了製作紅茶而研發的，一直到民國73年由吳振鐸教授正式將金萱命名為「台茶12號」，並且冠上「金萱」這兩個字，而父親是吳振鐸教授的直傳弟子，所以在文化與傳承面上，我覺得金萱紅茶是能夠代表台灣的紅茶。

認識茶本質篇

金萱紅茶・夏至

Thinking | Doing | Making

開始著手構思製作金萱紅茶時，想要用「夏至」這個名字，因為想表現出像夏至的陽光般、炙熱溫暖的風味，當時台灣正流行製作紅茶，不管是小葉紅茶、大葉紅茶，各個茶農都會用自己的方式或是茶葉改良場指導的方式來製作紅茶，但一直尋找不到喜歡的，市場上經常會喝到不正確的果酸，有點類似水果撞到、悶到、熱到、腐壞的果酸，甚至自己開始少量手作紅茶，但也常失敗。

當時並還沒接觸到大吉嶺，雖然有葡萄酒的專業經驗，但也完全沒有聯想到，不正確的果酸是與發酵溫度息息相關的。直到我將發酵環境以及溫濕度控制在穩定良好的狀態時，自己手作的紅茶才終於成功，做出理想中的果酸及韻味。有了基礎概念之後，來設定、建構夏至的風味吧！

以暖呼呼的太陽、日曬水果的概念建構：

第一，紅糖、蜜糖、紅棗、枸杞，有點類似暖暖的甜湯

第二，龍眼乾、荔枝乾，這些經過日曬所形成的沉穩果酸感

當時跟茶農好友育誠聊到這個企劃與構想時，他提到有一塊金萱茶園位於南投縣信義鄉，同富村快到東埔溫泉後山的地方。這塊金萱茶園的管理方式，是以法國布根地酒莊管理葡萄園的概念做處理，無毒、無化學是最基本的，再運用當地的天然植物、粗纖維的肥料與茶

從「紅茶」認識拼配、發酵與熟成工藝

紅茶製程篇
茶農、製茶端

Thinking ╳ Doing ╳ Making

園周邊有機質作堆置，加入益菌開始堆肥，以全植物性的肥料施作，再用落葉覆蓋，確保茶園土地水分不會過度蒸散，只仰賴天然雨水灌溉，並無任何人工灌溉系統，如此的管理方式可讓金萱茶樹的主根不斷地在土地當中往下鑽、尋找水分。

金萱有機茶園的健康土地。

　　利用金萱本身生命力極強的特性，配合上適當的施肥方式，就能夠在品質及產量中取得平衡，為了飽滿的甜度，選擇成熟的一心二葉，在第一葉、第二葉幾乎都開遍的時候採摘，此時茶葉的飽滿度與甜度最高，甚至甜到經常有客人問我茶湯是否有加糖。

金萱茶樹的一心二葉。

從「紅茶」認識拼配、發酵與熟成工藝

在不刻意灌溉且土地養分充足的情況下，金萱樹種會因為感受到缺水，導致葉肉內的含糖量提高，用高含糖量的茶款來表現出像甜湯般的風味，加上金萱品種個性是質地較為軟嫩，就如同銀耳甜湯般的滑順，利用夏天充足日照做出類似日曬紅棗或桂圓般溫暖的酸甜感。

選擇使用7月的茶菁原物料，藉由良好日照，讓金萱的扎實度更為飽滿，一早將茶菁採摘回茶廠，直接進到室內做萎凋，因為夏天炎熱，直接使用空調將室內的溫濕度控制在21℃、相對濕度50%的萎凋環境中，將茶葉放在低溫且乾燥的環境下靜置、萎凋，確保葉梗與葉脈的內部水分都已充分走水，萎凋大約20小時後就可以開始揉捻。揉捻的時間剛好是早上開工的8點，使用紅茶揉捻機輕輕地、緩慢地將紅茶揉捻至條索狀，當然揉捻的力道需控制精準，才能做到均勻發酵。

控制好發酵的溫度與濕度，使揉捻完成的金萱緩慢地轉換成像是成熟水果、沉穩的酸甜、花蜜的粉甜感，在紅茶製作的每一道工序當中，溫度及濕度都會是影響紅茶風味轉變的關鍵，只要溫濕度的控制有失誤，就容易產生不對的酸味、菁味，發酵完成後將紅茶乾燥就完成初製了。

夏至嫩芽比例高，發酵至60%的茶湯呈現飽滿橙色。

從「紅茶」認識拼配、發酵與熟成工藝

■夏至 金萱紅茶 · 採摘後質地配置圖

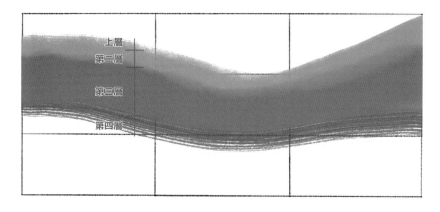

茶菁的採摘等級與比例，決定了茶
湯質地表現。

第一層：嫩芽，質地 柔軟蓬鬆
第二層：嫩葉，質地 黏稠
第三層：成熟葉，質地 粗澀
第四層：茶園不灌溉而有明顯乾澀

■夏至 金萱紅茶 · 發酵揉捻後風味圖

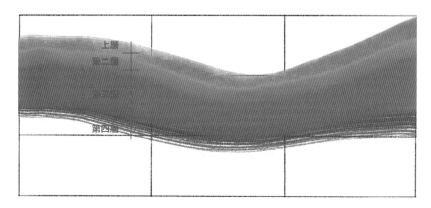

嫩採與長時間乾發酵，控制熟成顏
色區間在橙偏紅色。

第一層：綿長花蜜粉甜
第二層：清爽紅糖甜
第三層：曬乾紅棗、棗泥感
第四層：龍眼乾成穩果酸
第五層：乾燥橙皮

從「紅茶」認識拼配、發酵與熟成工藝

161

到了7月底，再次上山將紅茶載回工作室存放，存放至11月，經過3個月的時間靜置回潤，使茶乾外層的乾澀感降低了，剛好可以來試試風味。準備泡茶吧！從茶乾外觀來看：

第一，條索狀的金萱紅茶帶有白毫，是採嫩的一心二葉，白毫比例高，如此的採摘等級表示茶質一定飽滿，在純飲的情況下，濃度可提高至1：60。

第二，發酵度高茶乾為暗紅色，有日曬水果乾的香氣。只要沖泡溫度及器具選擇得宜，就能沖泡出粉嫩細緻的成熟水果香甜。

我選擇使用瓷器蓋碗，以功夫泡的方式分三段萃取，先以高溫95°C的水做溫潤泡，確實將蓋碗、茶葉都溫熱後，馬上出湯。將表皮的乾澀味稍微去除，接著將水溫降低至92°C，使用柔軟的大水柱呈現第一泡，目的是為了避免細的水柱或水滴撞擊到條索狀的茶葉，而造成局部過萃，所以得確實地將細緻度於第一泡表現出來；入口就是滿滿的紅棗皮香甜、紅糖甜香，快到甜膩之前就轉化成花粉、椰棗，甜香，香氣會在鼻腔中停留許久。

從「紅茶」認識拼配、發酵與熟成工藝

看茶泡茶篇

司茶萃取──夏至

Thinking ∣ Doing ∣ Making

第二沖將溫度降低至90℃，同樣以短時間、大水柱的方式注水，避免較早接觸水的部分過度釋放、而造成局部過萃，需先把葉肉的飽滿甜感萃取出來；自然耕作特有的糖漿質地清楚展現，類似熟成柿子果肉、紅棗泥的甜香，再由成熟溫潤酸味襯著。

到了第三沖，確實將溫度降低至85℃。條索狀的夏至都已完全舒展，葉肉扎實飽滿部分在上一泡已釋放得差不多了，接下來的注水柔軟度與速度都更加重要，盡量避免萃取過多粗澀與乾澀感；第三沖的果皮粗澀感更清楚了，溫潤的日曬桂圓乾甜，紅棗皮、椰棗皮落在舌面上、橙皮、龍眼木乾香慢慢在喉頭暈開。

可以想像如果把每一沖溫度下修3℃，將浸潤時間稍微延長一些，一定能有更細緻軟甜的風味表現。

　　因為一直找不到喜歡的東方美人，就任性地要求茶農好友育誠嘗試用東方美人的採摘等級與傳統工藝來嘗試。嫩採芽尖需要健康的茶樹，土地與茶園管理也非常重要，而傳統風味需在製茶工藝上更重視細節變化。但去年訂做的蜜香紅茶產量真的太少了，連原本自己偷偷私藏的量也都沒了，遇到懂茶的朋友聊到開心時就賣了，最後才發現手邊完全沒剩。

　　沒關係，好茶、好酒就是如此，一年一次一期一會，把美好的回憶好好記住，明年再創作就好，下次遇到什麼風味都是新的驚喜。

　　構思完風味之後，同樣使用育誠的自然農法金萱茶園，園裡的茶樹在6月被小綠葉蟬叮咬後準備採摘。這次採摘有別於去年的一心一葉，改調整成嫩採一心二葉，讓中段的花蜜與熟成李子果汁甜感更飽滿，也因為蟲害與採摘條件嚴苛的緣故，讓原本有300多斤產量最後只剩珍貴的40斤。

　　整體芯芽比例有30%，上層的粉甜、芽香一樣豐富，成熟的第一、二葉補足了中後段的風味結構。用低溫長時間萎凋與發酵來製作，茶葉揉捻過程中溫濕度也必須控制好，就是想把所有細緻的風味完整保留，6月完成後，存放在穩定濕度的空間慢慢熟成到現在。

從「紅茶」認識拼配、發酵與熟成工藝

延伸創作篇

可遇不可求的蜜夏至

Thinking｜Doing｜Making

位在南投縣信義鄉自然耕作的
金萱茶園，要把自然耕作茶園
照顧得如此漂亮，背後其實投
入了大量心力。

沖泡之前，先從外觀來看蜜夏至：

第一，嫩採的金萱做成條索狀，嫩芽、嫩葉比例高，濃度設定大約1：60至70。

第二，茶乾香氣有熟成熱帶水果香與花蜜香。因為成熟葉被小綠葉蟬叮咬過，茶葉表面傷口多，判斷單寧感一定較高，沖泡水溫可降低為85至88°C。

放到年底時，剛好可以喝了，但可想像再醒茶6個月會更迷人。溫潤泡時整個蜜甜香就清晰得嚇人，入口像輕盈的甜柿裹著糖霜在舌尖綻放，優雅的雛菊花粉、百花蜜甜香氣沿著上顎到鼻腔，新鮮甜柿果肉與紅肉李子的多汁感落在口腔中間，新鮮的果酸襯著多層次的甜感，是非常微妙的平衡。涓密的果膠質讓口感像棉花般輕盈又帶點蓬鬆感，花蜜的甜香與橙皮包覆著口腔。是一支沒在客氣的茶款，直接滿足我龜毛的要求。

看茶泡茶篇

司茶萃取──蜜夏至

Thinking ‧ *Doing* ‧ ***Making***

司 茶 師 教 你 看

台灣溫、濕度比大吉嶺高許多，但是只要控制好茶葉萎凋與發酵環境，就能做出均勻透亮的茶湯。

「蜜香夏至」發酵程度約 60 至 70%，接近傳統東方美人，茶湯是漂亮的橙紅色。

■蜜夏至・萃取風味圖

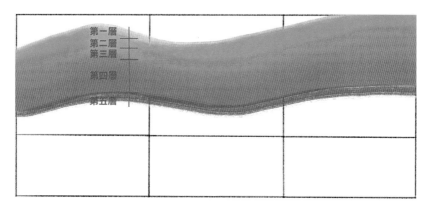

第一層
第二層
第三層
第四層
第五層

嫩芽佔比在 30% 左右，風味集中在口腔中段以上的位置。因為是長時間低溫發酵，茶湯顏色呈現均勻的橙紅色。

第一層：優雅雛菊、糖霜
第二層：鸚鵡紅糖、蜜甜
第三層：新鮮紅肉李子果肉
第四層：甜柿
第五層：乾燥橙皮

從「紅茶」認識拼配、發酵與熟成工藝

從「成熟」角度看蜜香

延伸思考
More to Know

從「紅茶」認識拼配、發酵與熟成工藝

無論是東方美人、貴妃烏龍、蜜香紅茶、蜜香綠茶，這些只要有冠上蜜香的茶款通常都是消費者喜愛的，而單論蜜香，又可分成不同的蜜香組合：花蜜、百花蜜、龍眼蜜、荔枝蜜、蜜甜、蜜糖，這些都是蜜香的表現，在這裡用「熟成與成熟」的角度來看待蜜香。

最常見的是被小綠葉蟬叮咬所產生的蜜甜感，小綠葉蟬屬於茶樹生態鏈中最弱小的害蟲，牠叮咬茶葉後會產生小傷口，而此時葉片水分就會從小傷口中慢慢流失，而使得甜度相對提高。高甜度的茶葉經過發酵而製成的茶款，就會有明顯的蜂蜜、花蜜的香味，以常見的貴腐酒為例：貴腐菌生長在葡萄表面，會讓葡萄皮產生傷口，而此時葡萄內的水分流失，糖分、糖類就凝縮了，再將這樣的葡萄釀造成葡萄酒，就會產生明顯的花蜜、蜂蜜、甚至龍眼蜜的甜味。

被小綠葉蟬叮咬後的茶菁原物料製成的茶款，就能掛上「蜜香」兩字，在市場上常見的蜜香綠茶、蜜香紅茶、東方美人，都是經由小綠葉蟬叮咬後所產生的蜜甜感。這些經過自然熟成的茶款，風味呈現都會落在花蜜、百花蜜及荔枝蜜，若要做出更厚重的蜜甜、蜜香，則需要經過人工及烘焙的熟成，像是蜜糖、楓糖、焦糖，甚至龍眼蜜。

在茶菁原物料同樣是含糖量極高的狀況下，反覆烘焙讓水分流失、糖分凝縮，再經過高溫而產生焦糖化，就會有蜜糖、熟成蜜甜，或是楓糖般的風味表現，例如：「貴妃烏龍」就是使用蜜香烏龍所烘焙而成的。

茶芽的水分流失，而造成捲曲的狀態。

若在茶園中見到小綠葉蟬，就表示茶園環境自然友善。

　　921大地震過後，台灣茶葉改良場發表了「日月潭紅玉」這款茶，它背負著振興南投經濟的使命一直到現在。過了10年的時間，紅玉紅茶變成大家耳熟能詳的知名茶款，也是另一個能代表台灣的紅茶品項。

　　但對於紅玉的風味，起初我是不喜愛的，因為大葉種紅玉再加上重發酵的製作方式，飽滿的單寧感、重發酵產生的熟成果酸，太過強調厚重飽滿的風味。再加上紅玉特有的肉桂與薄荷香氣，當時市場上的日月潭紅玉不是有太重的肉桂味就是太涼的薄荷感，甚至有點像撒隆巴斯，是個整體風味不平衡的茶款。

　　一直到五年前，在台中國家歌劇院開幕時，邀請我進駐設點，因為消費者經常詢問是否有販售紅玉，才開始積極尋找茶農夥伴。那時剛好合作已久的有機茶農夥伴明清，與我聊說自己的朋友在日月潭有一塊紅玉茶園想委託他管理，問我有什麼風味的想法與建議，這時才開始創作屬於自己的紅玉。

從「紅茶」認識拼配、發酵與熟成工藝

認識茶本質篇
日月潭紅茶・紅玉

Thinking｜Doing｜Making

明清自己在南投縣名間鄉已管理兩甲地的有機茶園,對於茶園、微生物管理的技術皆相當純熟,在明清接手魚池鄉的紅玉茶園後,開始將有機與微生物管理的概念運用在紅玉茶園上。

茶農對於土地與根系照顧極致

大葉種的紅玉茶樹本身的環境適應力、生命力就比小葉種更健壯,以有機農法耕作還是可以維持一定產量,於是我們把重點放在根系與土地管理。魚池鄉海拔700公尺、位於日月潭旁邊,降雨量充足,所以我們決定不使用人工灌溉,僅依靠大自然的雨水做灌溉,做好土地表層的覆蓋植披。乾旱時,茶樹根部也會繼續在土地中尋找水分,拉長時間讓茶樹適應土地與水分,藉由管理方式來鍛鍊茶樹的環境適應力,也讓紅玉的甜度可以更集中飽滿。

經過長時間、不斷微調茶園管理方式,土地的狀態越來越乾淨、有活力,茶菁品質也往好的方向成長與進步,大概花費兩年的時間,讓整塊紅玉茶園變成理想中的狀態。

從「紅茶」認識拼配、發酵與熟成工藝

紅茶製程篇

茶農、製茶端

4.14

Thinking · **Doing** · *Making*

從「紅茶」認識拼配、發酵與熟成工藝

當今因比賽茶的評鑑標準，大多茶農喜歡做出「收斂性」的口感來贏得評審喜好。萎凋工序若做得不完全，殘留在茶葉內的水分與咖啡因就會產生「收斂性」，若以葡萄酒品飲的角度來看，是不好的酸澀感。或者大多數栽種紅玉的茶農會將整年份的茶款全部搜集起來，熟成一年後再拿出來販售，為了降低過於厚實的風味，同樣也是因為製作過程中發酵溫度濕度過高，造成明顯的酸澀及單寧感。

魚池鄉紅玉在先天風土條件上有兩個關鍵點：

第一，紅玉本身屬於大葉種，纖維、單寧感屬於厚重飽滿。

第二，魚池鄉的日照充足。

這兩個條件加起來，不用沖泡就能先想像到粗澀感已經很厚實，若以食物來比喻，就像是以瘦肉乾煎到沒有水分，是非常粗糙的口感。加上現在流行的製法，大多會做成「重發酵、強調收斂性」，就是澀上加澀的概念，如同剛剛所比喻的把瘦肉乾煎到微焦。在風味與口感上的表現，並不符合消費者需求，在市場上常聽到的反應就是：很苦澀、很酸澀。

得先跳脫紅玉現在的製作方式，在風味設定上，針對魚池鄉的風土條件與紅玉品種的特性，以低溫長時間發酵，做出輕盈的花蜜甜感，像是黑玫瑰、成熟柿子、再以肉桂與薄荷的香氣點綴。建構好風味藍圖後，我選擇使用冬天的茶菁原物料製作：

第一，日夜溫差大。

第二，雨水少、甜度高。

從「紅茶」認識拼配、發酵與熟成工藝

　　從一早7點開始，採收成熟的一心二葉，直接進到茶廠做室內萎凋，每個笳笠只輕鋪一心的茶菁，為了確保走水順暢、避免悶味，室內環境控制在18°C、濕度40％，與高山的金萱紅茶一樣，一直萎凋至隔天早上，才開始揉捻。

紅玉冬菜採摘成熟的一心二葉。

■ 紅玉‧採摘質地設定

第一層
第二層
第三層
第四層
第五層

運用冬茶蓬鬆的質地，包覆厚重的大葉種粗澀感。

第一層：冬天日夜溫差大，蓬鬆感
第二層：茶芽，輕盈順口
第三層：嫩葉，黏稠感
第四層：成熟葉，粗澀感
第五層：乾燥

從「紅茶」認識拼配、發酵與熟成工藝

　　大葉種的紅玉纖維較粗糙，所以揉捻時間需拉長，但力道必須輕盈，慢慢調整壓力，待所有茶青揉捻成條索狀後即可進入發酵的工序。與金萱紅茶製法相同鋪厚、調整好發酵溫度、不能過高、更不可以噴水加濕，加濕會造成紅玉有發酵不當的酸味，在發酵6至8小時後即可乾燥。

　　對我來說，風味設計是以「質地及風味平衡拉扯」的概念來創作，既然紅玉本身的單寧感夠強壯，那風味上就著重輕盈與細緻度。

紅玉跟一般紅茶一樣，製作完成後都需要先存放3個月之後才適合沖泡，如同前段章節提到的，在這一章節就不再重複解釋，直接來泡茶吧！

紅玉質地厚實飽滿，在萃取上需特別注意濃度及溫度：

第一，屬於條索狀紅茶，採摘比例均勻，紅玉為大葉種，茶質較高，濃度設定 1：80。

第二，暗紅、黑色的茶乾，有著熟成柿子乾的香氣；紅玉品種香氣是肉桂薄荷、大葉種高纖維感，使用降溫速度高的薄瓷器蓋碗沖泡，並降低溫度為85至88℃沖泡。

這樣的外觀就已經決定了溫度與水流的選擇，接著細聞茶乾的香氣，茶乾帶有明顯的乾燥香與花蜜甜香，同樣以瓷器的蓋碗來呈現，萃取溫度不能高，希望能將細緻風味與黏稠膠質感呈現出來。先以95℃的熱水做溫潤泡，把茶乾外圍的乾澀感去除，同時做到醒茶、溫杯，接下來將溫度降低至88℃，以輕盈的大水柱快速地將水注滿，避免局部過萃，浸泡30秒後即可出湯。

看茶泡茶篇

司茶萃取──紅玉

Thinking、Doing、Making

從「紅茶」認識拼配、發酵與熟成工藝

　　以冬茶製作的紅玉是新鮮的黑玫瑰香甜，中段有著黏稠膠質感，有如成熟的甜柿、潤嫩Q彈，沉穩的果酸襯著整體風味、細緻又平衡，花蜜在上層、肉桂與薄荷在喉頭慢慢化開；到了第二泡，將溫度慢慢降低至85°C，同樣以輕流的大水柱，讓玫瑰花香更集中了，甜柿的果肉感更扎實飽滿，果酸延伸至兩側、慢慢生津，肉桂與薄荷葉的味道襯在風味結構下層、若隱若現而形成了拉扯感。

　　到了第三泡，將溫度降低至80°C，浸泡時間拉長，開始慢慢變成乾燥玫瑰花、柿子乾的果皮感，酸感變得更沉穩但不明顯，肉桂與薄荷的味道在鼻腔裡更清晰地綻放開來。

■紅玉・萃取風味圖

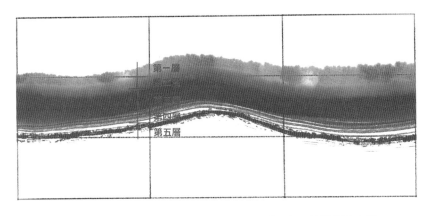

　　第一層
　　第二層
　　第三層
　　第四層
　　第五層

大葉種的紅玉在中高溫環境下成長、發酵，曲線沉穩厚實，茶湯顏色暗紅。

第一層：乾燥黑玫瑰
第二層：花蜜
第三層：柿子乾
第四層：橙皮
第五層：肉桂

紅茶精製與熟成

延伸工序
More to Know

紅茶在精製與乾燥的工序上，並不會像烏龍茶如此繁瑣與複雜，因為紅茶本身為條索狀，於製茶廠完成製作後，就應該完全乾燥，以確保紅茶在短時間內不易變質，而且具備儲放、轉化的狀態。除非真的是因為保存不當而受潮，否則不會拿來再次乾燥，因為條索狀的茶款再次經過乾燥會容易破碎、產生更多損耗，更不能加溫烘焙，高溫會產生無法去除的醬油味及苦焦感。

精製者拿到紅茶後，最主要的工作是將瑕疵確實挑選掉，包含難免還是會有老葉、枯葉及影響味道的部分。在無法再次乾燥的情況下，挑選時環境中的溫濕度、人員是否佩戴無橡膠味手套或用鑷子等細節就很重要，得盡量避免讓紅茶在瑕疵挑選的工序當中受潮，反而影響到存放狀態。紅茶乾燥度及發酵程度大多比較高，所以剛製作好時並不適合飲用，皆需存放3至6個月，才開始回復到可品飲的狀態，當然最好的狀態是能存放1年，讓甜度提高，粗澀感及乾澀感則降低，品飲感受會更理想。

如果紅茶因為保存不當而受潮，還是可以透過長時間低溫乾燥（約65至75℃）將水氣去除，但細緻鮮甜的風味會有一定程度的流失。良好的製作流程，是在第一次就做足乾燥，再讓紅茶慢慢熟成。大多紅茶外觀為細碎、條索狀，受火面積大，容易產生乾澀感，再次乾燥的紅茶，更需要時間熟成回潤，才能將烘乾造成的乾澀感修飾去除。

從「紅茶」認識拼配、發酵與熟成工藝

老葉、枯葉有明顯的粗澀感與乾澀感，精製工作時會將它們挑掉，提高茶葉品質。

從「烏龍茶」認識
風味創作、萃取變化

Everything About Oolong Tea

烏龍茶的製程是原物料本質加上自然成熟變化，
再以人工熟成堆疊出多種風味組合，
而一切人工熟成工序都是為了讓茶葉能長久保存。
好比新鮮水果慢慢成熟後，
再曬乾或烘乾成果乾，甚至陳年變成蜜餞。

我們總聽人說：「看天做茶，看茶做茶」，意思是依照不同的天氣、採摘與茶葉的成熟度來決定這一批次的茶菁要怎麼調整製作工序。

過去我們所知道的做茶方式，一般幾乎都是依據不同的茶類、產地特色，仰賴製茶師傅的經驗傳承，將不同茶款的風味塑造在一定範圍內。但經歷許多製茶師之後，每次的味道勢必會有些微差異，以及市場趨勢、評審喜好所造成的差異，這些種種累積下來，便會使得一款茶在過去與現在的味道有巨大不同。

看天做茶，看茶做茶，
沒有從風味大目標看茶。

好比一般餐館都是先有食材，再去套用對應烹調公式。大多製茶者也是在製茶當天取得茶菁，依照茶菁原物料本身狀態、當天氣候來判斷如何做茶。在做茶過程中，沒有溝通，更沒有參與製作，各單位的師傅們同樣也是看到手上原物料後再去製作，甚至有些重視產量的製茶者已公式化來製作茶葉，這當然是受到限制的風味設計。

從「烏龍茶」認識風味創作、萃取變化

認識茶原料篇

突顯茶本質的風味設計思考

Thinking｜Doing｜Making

　　但如果做另一種思考：我們先去認識產地風土，了解當地氣候、土壤生長環境，以及茶的品種和製作時發生的變化。將所有風味變化列入設計藍圖，開始去思考這支茶款的優點和香氣特色，然後盡量修飾掉缺點，並突顯出茶的品種與風土的味道，這樣的結果是否會更好呢？這可以說是一種以茶本質為主的風味設計思考方式。

　　風味架構的設計，更有目的性，
　　就像做料理一樣，
　　做茶也是先有「菜式」再準備材料，
　　才能自由自在地發想與規劃風味設計。

從「烏龍茶」認識風味創作、萃取變化

茶農是焙茶師創作的重要支持

　　如果問我，真的愛茶嗎？是的！我非常愛茶，但我更愛探索風味的各種可能性，因為自己從事烘焙及沖泡的工作，甚至在第一線接觸消費者，再加上本身也是唎酒師，對於味道的理解與標準會更高，希望以高端餐飲、侍酒標準來看待茶。

　　在這樣的標準下，我希望能夠有更好的原物料，簡單舉例：就像廚師為了完成一道料理，會先認識食材、理解客戶需求，再來創作出完整的料理，為了達成這個目的，就需要挑選適合的廠商及合作夥伴，才有辦法要求、微調原物料，達到廚師所需求的標準，而茶也是一樣的。

從「烏龍茶」認識風味創作、萃取變化

　　我在尋找合作夥伴上，花了非常大的功夫，其實人與人溝通是最困難的，大部分的製茶者在主觀意識上都比較強烈，所以比較難在風味中達成共識。後來有一位朋友介紹我跟育誠認識，育誠身兼茶農與製茶者，而我身兼精緻及沖泡者的角色，我們對味道都有自己的見解，溝通起來是順利、順暢的，看完育誠的茶園管理後，又對茶更加有信心，他在土地及管理的理念上是正確的，我們在5年前開始進行磨合，磨合期還是挺痛苦的，有許多小細節需好好共同討論微調，而且還有現實面需照顧。

　　育誠本身也是第二代，他接手父親茶廠、茶園也是近10年的事而已，不同世代在茶園管理的理念上一定有分歧。以除草這件事為例，老一輩覺得噴除草劑就解決了，但育誠覺得這麼做會傷害土地，堅持不用除草劑，而是請人用以人工的方式將雜草除乾淨；在施肥管理上，老一輩使用含氮量高的黃豆肥或賀爾蒙催芽，加速茶葉生長、增加產量，但育誠覺得這樣做只是短期讓茶葉有好的產量，但放遠看，會造成茶樹壽命減少、甚至品質下降。

　　我們在想法理念上是一致的，堅持把品質照顧好、慢慢累積，就能走得長長久久，都希望在這條事業的道路上能永續發展與經營，並且共好，也因為有這樣的共識，我們覺得彼此是可以長期合作、共同經營的夥伴。

從「烏龍茶」認識風味創作，萃取變化

讓目標風味，引領我們前進

　　若芽這款茶是希望能夠表現出清爽細緻，帶有白花香、清新果酸果甜的風味，跳脫以往高山茶的框架，做出風味前中後段都有多層次的青果甜感。取名為「若芽」的原因，是想呈現有如新鮮青草剛長出來，翠綠、清爽、鮮甜，被風吹過時輕輕晃動，帶有點輕盈細緻的風味表現，以這樣的理念出發，進而尋找適合的原物料。

　　育誠有幾個茶園，一個是座落在信義草坪頭的後山，海拔大約1400至1500公尺，品種是青心烏龍，我們決定使用在後山的這塊茶園來製作若芽。選擇這塊茶園的原因是，這裡的微型氣候適合，日照以及天候變化都是很平均的，有足夠的日照、也有寒冷的天氣。入夜後，冷風會從玉山及阿里山吹下來，吹到位於山谷的茶園，茶園的日夜溫差是足夠的，早上至午後的日照時間與溫度能讓土地保持良好的環境，使益菌、茶樹健康生長，因為想要表現輕盈細緻又亮麗的風味，所以決定使用冬茶來製作。

認識茶本質篇

玉山清香烏龍・2020若芽

Thinking | Doing | Making

在製作之前，我們討論過許多方案，就是要做出理想中的風味結構，我希望香氣及質地非常貼合、發酵度足夠，讓茶款有沉穩的花果調性，像梔子花、青葡萄、甚至帶一點萊姆皮的香甜感，所以一直再溝通，是否可以把萎凋、發酵時間再拉到更長，但又如何在不增加茶廠人力配置的情況下完成這件事。

後來定案的作法，使用早上最早採第一採的茶菁原物料，做好完整的萎凋與發酵，調動炒茶順序，刻意安排到最後才炒菁，將時間拉到最長。如此就能達到在不增加人力成本的條件下，做足近20小時的萎凋與發酵。

■若芽・質地設定圖

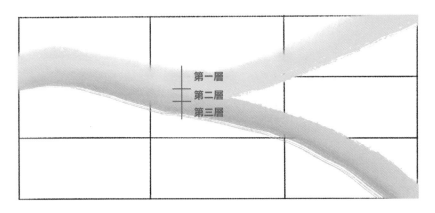

第一層
第二層
第三層

利用冬茶特有蓬鬆粉甜且輕盈的特性，創作出「軟綿細緻」的質地。

第一層：冬茶特有的粉嫩蓬鬆，清亮的香氣走向鼻腔
第二層：成熟採摘帶來黏稠感，茶湯無角度的包覆口腔入喉
第三層：冬天乾冷氣候帶來輕微粗澀、乾澀感

從「烏龍茶」認識風味創作、萃取變化

企劃茶款作品前，一定得回溯到茶園來建構基礎。青心烏龍樹種本身對病蟲害的防護能力較薄弱，尤其對有機管理、無毒管理又是一個困難的課題，想在品質及現實收入兩者間取得平衡，那麼茶園管理的部分就必須費心經營。

育誠對茶園管理的理念，是以日本自然農法的概念來管理。原理很簡單，就像人一樣，自身的免疫系統是健全、健康的，對病毒細菌的抵抗力好，當然就不容易生病。以同樣概念看待茶園管理，只要把土地、環境生態從根本管理好，茶樹自然健康、茶菁品質好。之前有提到青心烏龍本身的農疫特性就是容易被蟲害干擾，但比起蟲害，青心烏龍更害怕的是生病。

從「烏龍茶」認識風味創作、萃取變化

烏龍茶製程篇

茶農、製茶端

Thinking、Doing、Making

用花生殼覆蓋茶園土地保濕。

　　所以需著重在土壤有機質及益菌管理上，一旦土地有健康的養分、益生菌、礦物質，就可以達到健康循環，土壤內的益生菌把有機質消化成茶樹更容易吸收的養分，而茶樹吸收完養分後，再由葉子行光合作用、轉化成醣類儲存起來。從土地根本開始，做到良好循環，選用粗纖維的有機質來施肥，例如：甘蔗渣、花生殼，或是芝麻粕，不使用高油脂、高濃度的氮肥施作，因為容易破壞土地生態結構。

　　接下來就是微生物管理了，經過長時間的累積與觀察土地變化，春季土地肥沃時，茶樹會大量吸收土地的養分，此時可以給予幫助消化的益菌；到了冬天，雨水減少、茶樹生長變得緩慢，此時就需要幫助根系生長的益菌，在育誠跟我分享管理方式與理念時，當下覺得土地管理真的是一門大學問！因為信任他的專業，所以茶園土地的部分就放心交給育誠管理。

位於草坪頭後山，自然永續的青心烏龍茶園，綠意盎然。

　　順利地執行最後的定案製程，使用早上第一採的茶菁原物料，在8點多採摘完成、進到茶廠，均勻日曬翻動後、進到室內靜置，攪拌過程中都是用手輕輕地翻動；一直到半夜12點，確認茶梗內部水分都確實消散後，再將茶菁放入大浪機，大浪翻動的力道則是更輕盈地且緩慢翻動，避免茶葉外緣有過度損傷，大浪的時間拉長至30分鐘，畢竟我跟育誠都不喜歡茶葉外圍過度破損、造成積水所產生的濁味，也就是市場上常說的「綠葉紅鑲邊」。

從「烏龍茶」認識風味創作、萃取變化

到半夜12點，茶菁終於進到大浪機。

確實地炒菁之後，葉梗就會消水。

　　完成大浪後，接下來就是聚堆發酵的工序，把茶菁鋪厚，讓它在低溫的情況下長時間發酵，希望整體發酵是均勻到熟成的水果甜味；到凌晨4點進入炒菁的工序，確實將茶葉內部的水分及酵素殺死、讓它停止發酵，一直到炒菁結束後的風味定案，我跟育誠都非常滿意，因為很難得可以喝到像這樣的傳統作法。

　　接下來的工作就交給揉茶師傅了，特別交代師傅千萬要輕輕地揉捻，維持茶葉本身細緻輕甜的風味表現，也交代育誠說，千萬不可以抽真空，我非常害怕裝茶的包裝袋被抽真空後，真空的壓力會讓茶葉結構變形；茶葉在失真空的時候，結構就會產生小小的空隙，讓空氣中的水分更容易吸附在茶葉中，這樣茶的保存就會變得更不容易、且容易受潮。

炒茶完成後，我就先回台中了，因為育誠還有其他茶園要代工，不方便在山上打擾太久。看完炒茶，心情就像是期待拿到新玩具的孩子一樣雀躍無比，畢竟是第一次做這樣的嘗試，就像是有好的食材、又有好的前置處理，對一個廚師來說是求之不得的事，一定會期待這樣的食材能夠發揮到什麼程度，這種發酵度極高的茶本來就適合烘焙，如果烘焙成更重的傳統風味，也是非常適合的。

一開始企劃這款茶時，原本我希望能夠焙火到凍頂的火候，甚至到紅水、也就是傳統凍頂的火候，畢竟對一位焙茶師而言，我們的初衷就是希望把茶葉原物料發揮到極致的價值。

過了一週後，山上的冬茶產季終於結束了，育誠安排時間把茶送下山，而我當然也迫不及待地和他一起杯測這支茶款，風味是入口前上段是綻放的梔子花香，以及新鮮白桃多汁的酸甜感到中段鬆軟的茶湯，在口腔中綿密化開，像是蓮霧中間果肉較蓬鬆又有空氣感的部分。上層是白桃皮青澀香味，舌面上是桃子果肉的飽滿多汁感，同時張揚展現梔子花香，更襯托出新鮮白桃果肉的香氣，尾段慢慢收尾，帶出鳳梨心、熱帶水果與延伸到喉頭軟綿的喉韻。

原本是一個取得新食材而興奮不已的狀態，但接下來就是令我糾結的時刻，原本設定的風味是在更重的火候，但是現在清香型的狀態就有如此的風味表現，讓我非常掙扎，是否要按照原訂計劃烘焙成凍頂火候呢？但又想讓大家喝到原始的清香、輕甜細緻的風味表現。

茶款創作篇

擬定烘焙企劃——2020若芽

Thinking | **Doing** | *Making*

■若芽・風味設定圖

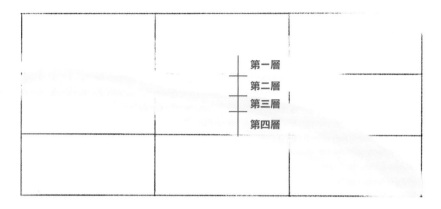

長時間反覆低溫烘焙，刻意保留鮮爽細緻
的部分，讓整體風味更廣。

第一層：栀子花香
第二層：蓮霧果肉
第三層：白桃
第四層：鳳梨心

此時馬上聯想到清酒也有不同殺菌過濾方式，那我就來做個不同火候的「同捆垂直風味變化版」吧！依目前茶葉的狀況判定，我希望能有三種不同火候的表現：

第一種，清香細緻，大約在0.5分火，有做好足夠的乾燥。

第二種，大約二分火左右，把表皮的甜味拉得非常集中，讓原本新鮮水果的甜感熟成到有點乾燥水果的甜感。

第三種，火候是四分火，帶點焦糖香、像是熬煮後的水果醬及乾燥花香。

在腦中馬上推敲這三種風味結構之後，很興奮地把企劃寫完，這才發現茶只有60斤而已耶！因為是跟育誠特別要求的，所以也只有一台茶車的茶菁原物料可以使用而已，就只好做個限量茶款的企劃了！

從「烏龍茶」認識風味創作、萃取變化

任何茶款的起手式，一定要先把瑕疵篩選掉，過老的成熟葉、蟲蛀、茶梗、異物、以及破碎的茶末，都是必須篩選掉的；挑選完成後，就可以開始乾燥的工序，從製茶廠乾燥到挑選瑕疵，已經過了6天，茶乾外層的乾澀感已回潤差不多，開始以低溫（75℃）來做乾燥，緩緩地將茶葉的含水量及雜味去除。

焙茶，是輕慢不得的反覆工序

起初，茶葉投入焙籠乾燥後需細心等待茶葉香氣變化，變得乾淨無香氣時就可翻動茶葉。大約3小時後，表層雜味都去除了，就可以關火休息。冷卻至常溫即可裝袋，放置於醒茶空間靜置回潤，等待茶葉內部的水分慢慢均勻分布到表層後，大約12至15天後再次以低溫烘焙。焙清的工序是反覆烘焙至茶心焙透，希望保留所有細緻的風味，低溫烘焙後靜置回潤反覆5次，一共費時兩個多月才終於完成乾燥。

來試一下風味吧！入口後驚豔到大約需要3秒才能讓腦袋重新開機的狀態，當下的品飲感受是鬆軟又綿密且更有空氣感，幾乎沒喝過台灣茶有這樣的質地表現！

從「烏龍茶」認識風味創作、萃取變化

茶款創作篇

精製實作——清香型、二分火、四分火

Thinking | **Doing** | *Making*

5.5

　　原本前段新鮮野薑花香，又多了一點清爽甘蔗甜感包覆，細細綿綿的花粉甜香沿著上顎到鼻腔綻放，中段則因低溫烘焙的關係，把多汁的蜜桃香濃縮得更集中，果酸變得更柔和襯托在花果甜味下面。反而野薑花整個被推到了後段，花香在鼻腔是滿的，喉頭是綿密的清甜果韻。茶葉剛起鍋時，表皮一定是乾澀的狀態，杯測時也真實的反應在風味上。不擔心，剛烘焙好的乾澀感大約回潤熟成1週後就會轉變成圓潤水果甜香。

運用焙火，讓風味層層堆疊變化

　　清香型的茶款就這樣定案了，接下來繼續靜置回潤，準備開始加溫烘焙，從上一次清香型烘焙完成後，到現在大約半個月，期間再以中溫烘焙了兩次。第一次溫度提高至90℃，在均勻翻動下烘焙了6小時，讓冬茶的甜感更集中。烘焙後再熟成1週，12月初又再次烘焙，將溫度稍微提高了點，拉到95℃，預設的風味是把前段甜感做得更飽滿，讓中後段風味無縫接續，不會有斷點，讓甜香、果香、花香是連續且綿密的堆疊呈現，一直到最後結束收尾。

　　這次測試方式改用壺泡，第一泡的風味是非常黏稠飽滿的棗子甜感，甚至像乾燥水果的甜感，非常集中、厚實、整體平衡，果酸在下面襯著甜味，輕輕的、鬆軟的質地，讓茶湯變得更輕盈、更廣；第二泡時，輕盈的花香開始呈現在上顎，中段慢慢的有點像熟成杏桃般的甜感；到了第三泡，反而是花香、柑橘皮、棗子皮的味道開始明顯地表現出來，整體風味接續得完整又滑順。原本希望可以烘焙到三分，目前到大約二分的焙火程度已足夠，風味平衡性跟完整度都漂亮。

從「烏龍茶」認識風味創作、萃取變化

一路從清香型開始烘焙到二分再到四分火，焙火的手法先以低溫75°C，保留茶葉的清甜、花果香，在低溫層就已經做了5次焙清，確實地將茶葉內部的刺激性、水分焙乾淨；再來升溫到中溫，以90至100°C做二分火的創作，讓茶湯甜度像乾燥水果般緊實的甜感，表皮又帶點糖霜，保留有冬茶的軟嫩與細緻，甜感緊結、內在果酸明亮清晰的平衡感。

■若芽‧二分火風味圖

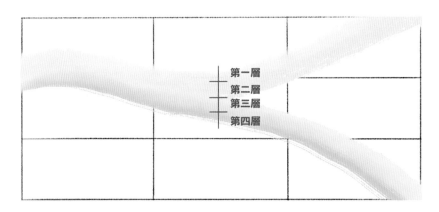

收乾回潤後，輕微加火烘焙，讓甜香均勻地層層裹上，風味曲線更集中俐落。

第一層：糖霜、野薑花
第二層：熟成蜜桃果肉
第三層：杏桃甜
第四層：柑橘皮

從「烏龍茶」認識風味創作、萃取變化

在烘焙四分火的階段，則讓我每天糾結，希望能夠保留住冬茶粉嫩細緻的花香，又想做出厚實飽滿的香甜感。不猶豫了！加溫焦糖化的焙程需反覆烘焙，才能把甜香均勻裹上，就邊走邊看狀況吧！

第7次烘焙時，將溫度提高至105℃，做第1次的表面糖化，第一次進入中高溫，不敢掉以輕心，守在焙籠旁邊，細細地聞味道的轉變，怕稍微延遲翻動、就會產生一絲絲的苦焦感，破壞了冬茶細緻粉甜的風味，這次烘焙時間大約6小時完成，收進乾燥的環境做靜置回潤，約10天後即可再次烘焙。第二次的高溫烘焙，將溫度提高至115℃，同樣細心地照顧，烘焙6小時後停火、再次靜置。反覆烘焙靜置4次，讓焙火造成的紅糖甜感一層層地裹上。

從「烏龍茶」認識風味創作、萃取變化

■ 若芽・四分火風味圖

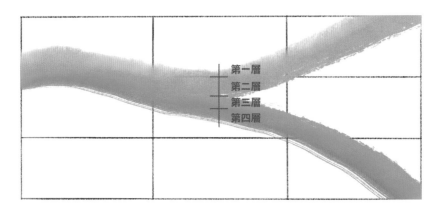

第一層
第二層
第三層
第四層

四分・焦糖：高溫烘焙，使表面均勻焦糖化，就像熬煮水果醬、製作水果乾的感覺。

第一層：焦糖、蜜糖香甜
第二層：蘋果乾、杏桃乾
第三層：蜜柑橘果醬
第四層：日曬橙皮、鳳梨乾

清香型

二分火

四分火

若芽是乾燥與烘焙都有做足的球型烏龍茶，用三段式萃取來呈現，也就是台灣常見的「功夫泡」，只要萃取程度完整，就可同時感受三種不同階段的茶湯。萃取濃度建議一樣是1：50，假設壺容量是150ml，就使用9克的投茶量，計算方式為150ml除以的濃度，因為使用三段式沖泡就會再乘以3，所以是用9克茶葉。使用三段式沖泡方式的話，可品嚐到出茶葉表面的細緻、中間的飽滿、後段尾韻的喉韻。

來泡茶吧！這款冬茶是屬於球型的烏龍茶，一開始確實得溫壺、溫杯動作，讓器具溫度先提高起來，確保球形茶能充分舒展。溫壺後投入茶葉，在沖泡之前建議使用高溫熱水將茶葉快速浸泡過，再把水倒掉，做醒茶的動作。

從幾個關鍵點可以判斷沖泡條件：

1 茶葉外觀為球狀，使用高溫來沖泡，茶葉能充分舒展，以達到確實萃取的狀態。

2 有三種焙火程度，使用不同材質的茶具萃取，做出最佳風味。

3 茶壺內有三泡的茶葉量，全部舒展開來後會擠滿整個茶壺，容易造成萃取不均，因此水溫、水流、浸泡時間需特別留意。

從「烏龍茶」認識風味創作、萃取變化

看茶泡茶篇
司茶萃取──2020 若芽

Thinking \ *Doing* \ *Making*

萃取變化──清香型、二分火、四分火

清香型：

　　使用高燒結溫度的朱泥壺來萃取清香型烏龍茶，保留完整香氣層次，又能使茶葉充分舒展。先以沸騰水溫潤泡後，將溫度降低到93℃來萃取第一泡，浸泡時間為1分鐘，第一泡可以充分感受到冬茶細緻的果膠質與野薑花香甜；第二泡溫度約為88至90℃，浸泡30秒。第二泡萃取中段葉肉部分，表現新鮮果香，像葡萄果肉的黏稠感、蓮霧果肉的空氣感；第三泡建議將溫度降低至83至85℃，浸泡時間為1分鐘，這樣可以將梔子花、野薑花瓣、白桃皮的風味表現出來。

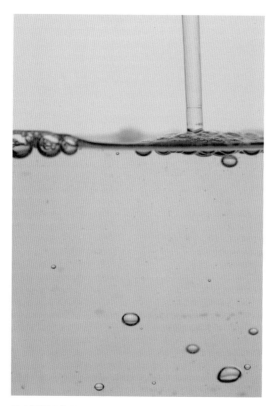

長時間低溫萎凋、發酵，再慢慢焙清去除水分，茶湯顏色由裡到外是透亮的淡黃色。

二分火：

　　換用早期宜興紅土廠壺，燒結溫度足夠，又同時有良好透氣性，能將輕焙火的茶款表現出圓潤細緻。確實溫潤泡後，第一泡使用95°C沖泡，整體的成熟白桃甜感飽滿，甚至有點像蜜桃乾的甜感，集中、厚實又平衡，果酸在下面襯著甜味，輕輕的、鬆軟的質地，讓整個茶湯變得更輕盈、更廣；第二泡溫度約88至90°C，水流低沖輕柔，避免撞擊或拍打茶葉，新鮮野薑花香呈現在上顎，中段慢慢帶出像熟成杏桃般的甜感，質地如同牛奶棗果肉綿密；到了第三泡，溫度降至85°C，沉穩花香、柑橘皮、綠色棗子皮的香氣明顯展現出來，輕焙火讓整體風味接續得完整又滑順。

二分火就如同杏桃般的風味，水果甜感緊結，茶湯金黃且透亮。

四分火：

　　既然烘焙到了四分火，選用早期宜興廠壺來沖泡，稍微修飾焙火產生的焦燥味。已經接近中度焙火，溫潤泡可降低表皮乾澀感，第一泡是高溫95°C大水柱，萃取外層蜜糖般的甜香，紅糖、焦糖、蜜糖跟火香從上層抵達鼻腔；第二泡是90°C並壓低水流，冬茶本身粉甜與蜜糖甜結合起來，變成細細的糖霜感，原本的蘋果酸甜感，烘焙後像是蘋果醬，沉穩、酸甜均勻又濃稠。第三泡以85°C慢沖，浸泡時間稍微拉長至1分多鐘，把粗纖維的風味萃取出來，口腔是果醬、日曬橙皮又帶著冬茶的細膩花香。

從「烏龍茶」認識風味創作、萃取變化

加溫烘焙後，做出焦糖、蜜糖般甜香，茶湯同時也呈現透亮焦糖般的褐色。

延伸思考
More to Know

從「烏龍茶」認識風味創作、萃取變化

　　所謂的風味，其實是風土文化的綜合表象，包含我們的島嶼氣候、在地人對於不同飲食菜式的接納度等，這促使我開始追求風味的真義。舉例來說，台灣茶經典風味代表是傳統凍頂烏龍茶，茶葉採收後經過萎凋、發酵、揉捻成球狀、反覆焙火、熟成，相較於其他製茶工序繁瑣許多。為了讓經典風味再現，必須回到友善環境的茶園管理、深度了解土地永續，以及為了將風味傳承下去的使命，所以我選擇了焙茶這條較難走的路。

　　身為焙茶師，對於細節追求的執念，來自於我對品飲與風味探索的熱愛，再加上經驗累積，就會希望這些原物料有更好的發展，更能展現最有價值的一面。一支好的作品不只是焙茶師的手藝，它是土地、茶樹的結晶，也是製茶者與茶農的共同努力，所以會用非常尊敬的心態看待這些茶葉，並運用各種焙茶技巧，讓這支茶款呈現最高的價值與最好的風味。

　　當然，對於細節的執念也跟自身品飲標準有直接關係。我追求的是純淨且平衡的風味表現，要達到這樣的程度，就必須花費比別人多好幾倍的時間來烘焙、甚至數10倍的時間等待茶葉熟成。好比廚師對於創作料理的熱愛，這會讓他不斷思考要使用何種烹調方式讓食材有完美表現，讓客人品嚐時感到驚豔、滿足、以及幸福，這就是焙茶師或廚師在創作作品時，最大的成就感來源。

足夠成熟與乾燥的茶乾才能拿來存放

大多數消費者會認為所有茶、酒都可以存放，越放越值錢、越放越好喝，這樣的想法並不完全正確。換個角度說，適合存放的茶款或酒款都需經過設計成特定風味，共通點都是有經過足夠的熟成以及乾燥；若一開始製作成適合新鮮喝的茶款，就不適合存放，因為熟成度不夠、不利於保存，或者保存後對風味並不會加分。

以水果來舉例：新鮮水果適合生吃，在還沒完全乾燥之前就存放的話會壞掉，但只要經過完整乾燥，就可以存放成水果乾，甚至做成蜜餞，因為熟成與甜度都足夠；舉另一個例子：在葡萄酒的世界，重視輕盈亮麗、新鮮果酸甜的酒款，大多都是一開瓶就可以直接飲用，開瓶過一段時間後，風味就不是那麼完整、會開始慢慢衰退，反而有些酒款本身的葡萄品種厚實飽滿，單寧、甜度、發酵度皆足夠，如此條件就有利於存放陳年。

從「烏龍茶」認識風味創作、萃取變化

認識茶本質篇

冬片・年份茶
VINTAGE TEA 概念

Thinking | Doing | Making

同樣邏輯套用在茶身上，發酵度、成熟度、乾燥度不足，或本身茶質不足的茶款，不適合存放，就算陳年了，風味也不會往好的方向發展、只會劣化變更糟而已。在設計適合存放的茶款時，就會特別注意茶葉本身的發酵度與乾燥度。不只有工序要做好做滿，原物料的純淨與質量更是首要選擇，如此條件才適合存放為陳茶。

大部分葡萄酒莊園、日本酒酒造會挑選當年度最好的原物料來釀造年度作品，釀酒人與杜氏釀也會依照當年的氣候條件來創作年度的代表作，這次我就是用這樣的思維來創作茶米店的年份茶。

要作為Vintage Tea年份茶有幾個條件：

第一，風味絕對是當年的代表，風味必須令人感動，可以真實呈現當年度的狀態，不管是心境也好、當年的氣候也好，都能如實表現在風味上。

第二，必須能夠存放，在良好的環境下可以存放20、30年、甚至50年都沒有問題，並且具有陳年的價值。

基於這兩點條件，在建構企劃及風味藍圖上，就必須挑選好的原物料及擬定正確的製作工序，才能夠使茶款經過成年的熟成變化，讓風味往好的方向繼續發展。

為了利於保存，在製作以及原物料上就會有相對的標準和條件：要使用好的茶園土地、使用成熟度高的茶菁、使用高熟成度的製作方式，再來是甜度及風味都要厚實飽滿，再加上足夠的單寧，才能支撐起整體的風味結構。

　　基於上述的條件，在茶園的選擇上就困難許多，我希望年份茶的風味結構是完整又平衡的，並且符合自然農法的耕作方式。但是如果使用青心烏龍來製作，那病蟲害的干擾就會產生許多瑕疵，甚至可能使茶質不夠飽滿，因為青心烏龍本身的纖維能夠建構起立體又完整的風味結構，但是以自然農法耕作的青心烏龍本身茶體與細緻度幾乎會無法完整呈現，所以在品種上，我選擇了「金萱」作為年份茶。

　　金萱品種本身的纖維較軟，在風味結構上，骨幹較為薄弱且輕盈、但是品種本身抗病蟲害能力極高，在風味細緻度及茶體上都可以保留得較完整，我把品種的想法跟育誠溝通後，我們決定使用位於信義鄉同富後山的自然農法金萱茶園來製作年份茶。

■ 冬片‧質地設定圖

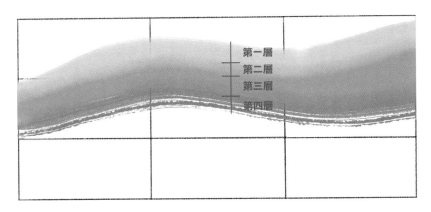

　　　　　　　　　　　　　　　　　　　　第一層
　　　　　　　　　　　　　　　　　　　　第二層
　　　　　　　　　　　　　　　　　　　　第三層
　　　　　　　　　　　　　　　　　　　　第四層

乾冷環境生長的冬片，中上層蓬鬆軟嫩的質地會特別豐富。

第一層：成熟採摘的茶芽，蓬鬆圓潤
第二層：金萱嫩葉介於蓬鬆、黏稠之間的絲滑質地
第三層：成熟葉果醬般的黏稠感
第四層：乾冷環境成長帶來輕微粗澀、乾澀

同樣在信義鄉玉山山腰的自然農法茶園，用葡萄酒法定產區的方式管理，不刻意灌溉，並以落葉、粗纖維植物肥做肥料。討論後我們決定將生長時間往後延，原本10月底採收的冬茶延至12月採收，讓茶葉再更寒冷的狀態下生長。

使用自然農法的
金萱茶園。

希望展現出冬片特有的冷香粉甜，採摘等級決定在一心三葉，讓香氣同時有細緻、厚重、綿長的完整曲線。同樣地，從日光到室內萎凋消水做菁必須完整，當天一直到半夜12點才決定浪菁，確實讓葉梗的菁味完全褪去。

認識茶本質篇

茶農、製茶端

Thinking \ *Doing* \ Making

緩慢輕盈的大浪確保茶葉邊緣沒有過度受傷，避免紅邊帶來的混濁味。進入聚堆發酵的工序快半夜1點，控制好發酵環境的溫濕度，讓茶葉可以在低溫下均勻發酵到產生黃色水果香氣。經過4小時後，香氣有細緻雞蛋花、新鮮枇杷果肉甜香、土鳳梨心的扎實香氣，很滿意地進入下一個工序準備炒菁。

確實地炒菁，溫度得稍微拿捏調整，讓細緻風味都能完全保留下來。隔天的揉茶工序當然需要更加小心，所有揉捻與擠壓的力道都減輕許多，反覆地揉茶，直到變成漂亮的球狀。

導入葡萄酒法定產區的管理方式是將原先一季能做兩三百斤的自然農法茶園，用這樣的想法實作，最後只剩下一百多斤，而在精製與烘焙後又再減少10%。

從「烏龍茶」認識製作與變化

冬片主要是以「年份茶」的概念為創作發想，杯測完毛茶之後，以高發酵、高萎凋的方式製成，呈現了黃色系花香以及黃色水果的調性，而金萱品種本身質地較為鬆軟綿密，再加上是在寒冷冬天下成長的原物料，茶款主要特性還是以細緻、平衡為主。

確定完原物料的風味調性後，接下來就是擬定烘焙企劃，有幾個關鍵點：年份茶勢必得讓茶葉能存放，而金萱本身品種質地軟嫩、單寧結構較不足；在乾冷天候成長的茶菁，它的甜度較高，使用自然農法的耕作方式會讓茶湯乾淨細緻，但茶體相對薄弱。

透過焙火，讓茶湯結構更完整

依照上述幾個關鍵點，我希望呈現約三分火，表現出果香、花香飽滿、蜜甜緊結的感受，想用焙火讓茶體結構更加完整、甜度集中，以補足金萱較鬆軟的結構。既然已經是黃色水果、黃色系的花，又有飽滿的果酸與甜感，杯測的風味就像新鮮的黃金果，也有點類似金煌芒果的香甜滑順，那就把風味拉得更集中，焙出黏稠滑順的芒果醬。

從「烏龍茶」認識風味創作、萃取變化

茶款創作篇
擬定烘焙企劃──冬片

Thinking | **Doing** | *Making*

■冬片‧三分火風味圖

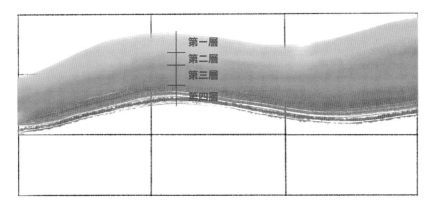

第一層
第二層
第三層
第四層

低溫發酵，再稍微加溫烘焙至三分火，如同熟成愛文芒果乾般的橙黃色。

第一層：蛋黃花、花粉
第二層：成熟芒果果肉
第三層：芒果果醬
第四層：愛文芒果乾

　　使用冬片產季的茶菁原料來創作年份茶是個挑戰，因為12月季節的環境溫溼度已經很低了，除了茶芽生長緩，茶葉製作時也較難做足發酵，所以市場上有九成五的冬片都做極低發酵，幾乎無法存放。

　　記得有次品飲了秋田新政酒造的限量入桶貴釀酒，從酒標資訊知道是支非常甜的酒款。釀酒師讓酒入桶熟成，原先的甜膩感變得輕盈溫和，完全感受不出來是日本酒度「負17」（負20最甜、一般為0、正20為極辛）。

　　馬上想到，如果把茶葉熟成度刻意拉高讓甜度增加，同時間再拉長發酵時間，就能滿足適合陳年的條件。既然甜度足夠的話，就更適合烘焙，能使果糖層次更多元豐富。

2019年12月完成初製，後續的精製工作就可以展開了。每次要開始一支作品的精製工序時，我都會莫名地緊張焦慮，一旦開始了，就是馬上塞滿工作排程，從瑕疵挑選、分級、焙清、回潤、烘焙、熟成，全部完成又是1年的時間，依照目前工作的忙碌程度來看，是有點不想面對。

不抽真空，以免茶乾破損而讓茶湯混濁

我希望保留完整的茶乾結構，從初製廠完成後就維持不抽真空的狀態，尤其乾冷環境下成長的冬片，葉子纖維化程度較高，抽真空的壓力會讓茶乾擠壓破碎，容易使茶湯變得混濁。不抽真空的狀態下，就是跟時間賽跑了，歲末時整個以無縫接軌的狀態開始了精製工作。

精製時，必須確認每個階段的風味變化，才能決定下個工序該如何調整。剛載回來的茶葉表層乾燥，目前的風味狀態入口時有著清楚的乾燥香，有點類似米香，中段展現冬片本質的粉甜、冷霜感，中後段的乾澀感有點咬喉，清楚感覺內部水分明顯偏高，需要時間回潤，大約15天後即可開始挑選瑕疵，再焙清。

認識茶創作篇

精製實作

5.10

Thinking | **Doing** | *Making*

　　1月中終於展開漫長的精製工序，先把茶梗、黃片、雜質、細末挑選掉，就開始焙清的工序。調整好焙茶空間濕度與排風後，先以低溫做第1次的脫水焙清，這次對焙茶來說是非常重要的，不預設翻茶與總乾燥時間。每20分鐘觀察香氣變化，香氣與雜味降低時翻茶，直到香氣與雜味不再改變就可關火了。

挑選掉冬片的瑕疵葉。

從「烏龍茶」認識風味創作、萃取變化

　　回潤20天後做杯測，前段的風味表現已清楚呈現亮麗的雞蛋花香，飽滿的花香夾帶著粉甜感沿著上顎到達鼻腔，但中後段結構還是鬆散的，水分整體分佈有稍微平均一些，還需繼續努力。想完整保留冬片的細緻，得稍微提高溫度，接著開始後續的焙清工序。反覆同樣的焙清與回潤工作，直到第4個循環結束才滿意，從外到內風味與質地貼合已完成，準備進入下個階段。

　　4月中杯測，與想像中的風味一樣，冬片在本質上的香氣細緻綿長但中段厚度稍微不足，決定用焙火補滿中段甜度與厚度。回潤完成後加溫焙火吧！調整了火候與茶乾厚度，讓茶葉表層慢慢糖化。因為不能讓茶產生火焦味，焙火工序也是無法一次完成，反覆兩次焙火後，已經讓茶的表層與中段均勻糖化。

直到6月時，中段的風味結構已非常迷人，保留果酸襯著飽滿甜感，類似黃色水果果汁，甜而不膩，尾段雞蛋花、鳳梨心與枇杷果皮堆疊出綿長餘韻，又維持住前段的細緻花香與冬片特有的冷霜感。擠出多餘空氣開始熟成，兩週後乾燥帶來的乾澀感降低後就可開始分裝了，好不容易才完成烘焙精製工序。

從「烏龍茶」認識風味創作、萃取變化

我內心一直覺得茶葉熟成度、萎凋、發酵都這麼高，如此條件一定可以烘焙到紅水烏龍的焙火程度。惦記著提點我的老師傅說過，傳統凍頂烏龍就是要用高發酵、高熟成的茶葉來烘焙，茶湯顏色是沉穩通透的橙紅琥珀色，也就是傳統凍頂烏龍被稱為紅水烏龍的原因。心想反正全部有120斤，就拿30斤來嘗試焙成紅水吧。將原物料本身的發酵度跟熟成度發揮到極致，而傳統火候讓黃色水果調性熟成至香甜芒果乾，將粉嫩細緻的花粉香烘焙至糖霜感，像是細細的糖粉包裹著整塊蛋糕般的感覺。

冬片本身是在2019年乾冷的環境中生長，每每想要加溫拉火的時候，就會聞到燒燙到的味道，全自然農法的耕作加上去年雨水不足，相對茶葉更纖維化。高溫烘焙所產生的焦火味，是絕對不可以發生的。

延伸創作篇

冬片 · 紅水火候

Thinking | *Doing* | *Making*

5.11

　　從三分火再往上烘焙時必須更小心，因為烘焙溫度更高，需要不斷地去聞茶的味道，判斷現在的狀態是否要翻面或停火、是否要休息，都需要拿捏得精準。離上一次烘焙三分火完成，整整回潤1個月才有辦法再繼續烘焙，甜度、纖維化高的原物料回潤速度較慢，在烘焙及熟成的時程安排上又需要更加精準。

　　又經過半年反覆加溫烘焙，過程實在不容易。最後收尾溫度在130°C，回潤30天後杯測，彷彿感受到一絲絲熟悉的味道，就是早期在學喝茶時，老師傅泡的紅水烏龍啊。焙出這個味道時，儘管只有一點點，內心是雀躍開心的但也有些感傷。開心是因為現在台灣幾乎快喝不到傳統凍頂烏龍的風味了，而我終於重現這個味道，感傷是想起了跟老師傅學喝茶時的點點滴滴⋯最後決定任性地把所有冬片都焙成紅水火！

■ 冬片・紅水火風味圖

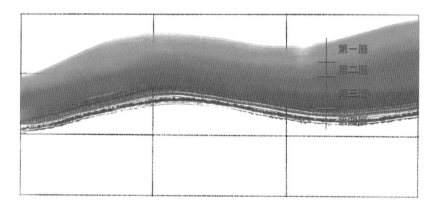

第一層
第二層
第三層
第四層

冬片經過長時間高溫烘焙、靜置回潤，乾冷原料與火氣會讓風味曲線走在口腔中上層。

第一層：烘烤糖霜
第二層：楓糖
第三層：熱帶水果蛋糕
第四層：乾燥芒果皮

從「烏龍茶」認識風味創作、萃取變化

開始泡茶吧！一樣先從茶乾開始判斷沖泡方式：

第一，球型烏龍茶經過長時間烘焙，跟焦糖色、褐色均勻，可能會有明顯的乾澀感。以嗅覺判斷茶乾香氣，若火味與木質味明顯，表示回潤時間不足，如果有明顯甜味表示已完成回潤。

第二，自然農法栽種的金萱，加上是冬片產季，可以推斷茶乾粗澀感明顯，茶體、茶質較薄弱，香氣張揚、延長、質地鬆軟。可以將萃取濃度設定在1g：50ml，並且稍微降溫來進行萃取。

選擇使用高燒節溫度的瓷器蓋碗來沖泡，能夠充分將冬片柔軟細緻的香氣與質地完整萃取，利用瓷器降溫速度快的特質來避免萃取過多單寧，再運用沖泡技巧補足冬片茶體較薄弱的部分，做到風味平衡。

第一泡先以高溫進行溫潤泡，將外皮的乾澀感去除，稍微靜置10秒，讓茶葉降溫同時將水溫降低至92℃注水，把浸泡時間拉長20秒，把冬片特有的粉甜完全呈現。成熟的芒果粉甜，裹在焦糖外層，像細火熬煮的芒果醬，沉穩的酸襯在甜下面，口中是柔軟又蓬鬆的質地，綿延到喉頭。

従「烏龍茶」認識風味創作、萃取變化

看茶泡茶篇

司茶萃取——冬片・紅水火候

5.12

*Thinking | Doing | **Making***

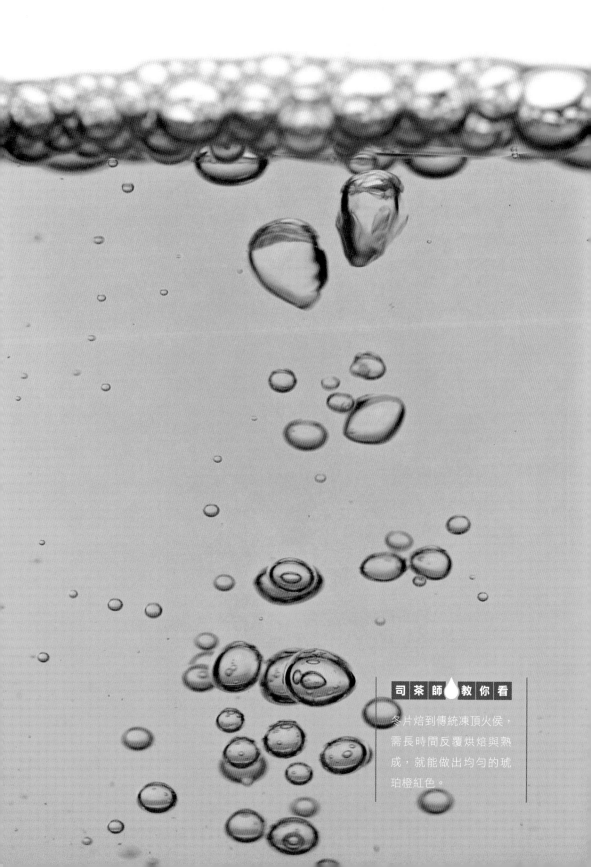

司 茶 師 教你看

冬片焙到傳統凍頂火侯，
需長時間反覆烘焙與熟
成，就能做出均勻的琥
珀橙紅色。

第二泡將溫度降低至88°C，緩慢均勻地注水，同樣將浸泡時間往上提高。茶湯是豔麗的琥珀色，楓糖甜味走在前面，接續著糖漬水果、曬乾黃桂花的味道，果酸逐漸變得沉穩，襯在甜下面慢慢延伸至兩頰生津。

到了第三泡，溫度降低至82°C，浸泡時間再次拉長20秒，此時可清楚感受到成熟的金煌芒果甜、日曬芒果乾，舌面上有明顯木質感，類似龍眼木，也有點像帶殼的龍眼乾。停留在口腔中的是荔枝乾、龍眼乾的氣味，是經過完全熟成才有的沉穩酸甜感。整體感受絕對有潛力存放陳年，如同當初是以年份茶的概念設計發想，可以想像存放5年、10年後的風味一定更完整。

從「烏龍茶」認識風味創作、萃取變化

關於茶葉存放潛力

年份茶就如同好的酒款,是達成足夠條件的原料與製程才有存放潛力,那到底可以存放多久?什麼時候才是最好喝的狀態呢?在學習葡萄酒與清酒之前,對於陳年茶的概念只停留在越老越珍貴,並沒有以風味的角度來看待。

酒類品評時會加入「什麼時間最適合品飲」、「再放多少年會更好」來判斷風味密度。以酒款舉例,下方照片中的兩款葡萄酒都是2018年份的,在2021年開瓶都偏太年輕,預計5年後風味會達到巔峰,此時品飲會是最完美的狀態,能充分感受釀酒師的細膩手法。茶的陳年概念相同,有些特別厚實、熟成度極高的茶款,就適合3至5年後再品飲。

但有些酒款風味結構比較鬆散,3年後品飲最剛好,但「再放下去會變更好嗎?」答案是:不會更好的,趕緊喝掉吧。回到談茶本身,陳年的風味轉化同樣有個上限,有的2至30年就已經轉化完全了、有的可能4至50年。再繼續陳年,風味可能開始劣化,反而可惜。

介紹「白露」這支茶款的風味之前，先談談茶的風土。風土條件的定義是，一群人在一個地方生活，經過時間累積所形成的特有文化，在特有文化的醞釀下，飲食習慣會慢慢適應該地區的微型氣候。台灣有各種文化的融合，再加上島嶼型氣候較潮濕，適合生產茶，而這些茶早期都是以出口為目的而製作，這樣的目標前提下，茶葉的製作必須要有高發酵度、足夠烘焙度，才能讓茶在出口的過程中不易變質。

傳統凍頂烏龍是台灣閩南文化的風土代表茶

因上述這些原因，所以定義了烏龍茶為「半發酵茶」，但隨著現在包裝技術的進步，人們喝茶習慣的改變，傳統風味慢慢消逝，非常令人感傷。這些味道代表著我們的文化，而味道更承載著情感與思念，因為傳統技法較困難、耗時，在現代忙碌、講求快速的社會，這些技法已經慢慢地失傳了，不只是茶產業有這樣的現象，很多手路菜也因為工序繁雜而慢慢失傳了。

認識茶本質篇
玉山熟香烏龍・白露

5.13

Thinking | *Doing* | *Making*

「現在的凍頂好像都跟以前的差一味。」常聽到茶友們有這種疑惑或感嘆，大概便是源自於此吧。目前主流市場喜好輕發酵的茶類，製茶者便會受到消費者的影響，漸漸地把茶做得更青更綠茶化，但若是要參加比賽，為了迎合評審端的口味，反而會只把茶表面焙得很重但內部還是未熟的狀態，這便是在消費者端與產業內部標準有巨大差異的標準例子。

在這個世代，很不願意看到這樣的情景一再發生。但許多現實面的考量，讓人們選擇了快速的製程、放棄了文化價值，真心覺得非常可惜，有很多品味者覺得，現在凍頂和東方美人的風味都和以前不一樣了。我一直致力於把這些味道傳承下來，並且能夠做到土地永續，想把熟悉又令人感動的味道傳承給下一代。

從「烏龍茶」認識風味創作、萃取變化

烏龍茶 寫意風

大眾市場對於傳統凍頂烏龍風味的既定印象是濃郁、苦澀、厚重的，大多可能是因為長輩喜愛泡茶的濃度較高，或者是在製作過程中，烘焙火候過於高溫，而讓表皮產生焦苦感，或是茶葉沒有經過完整熟成，剛烘焙好、仍屬於乾燥狀態時就拿出來販售，因為以上幾個原因而造成大眾對傳統烏龍茶的誤解。

白露想呈現的氛圍，是有如秋天的陽光灑在微枯黃的樹葉上，輕柔的光線、有點溫暖，希望能藉由凍頂的焙火以及高成熟度，做出細緻又溫暖的感覺。

這樣的風味設定必須是溫潤、平衡且細緻的，才能表現出陽光、溫暖、秋天微風輕拂的感受，並以黃色系的風味為主，從前中後段香氣，甚至到尾韻，都是滿滿的黃色、焦糖色。但我所追求的不只有風味的平衡，在創作上，我更追求「質地的平衡」，把風味的主幹建構出來後，再增添細節，讓口感與質地是有層次的。舉例來說：厚重的主幹就像是瘦肉，過度烹調時容易乾澀，其實我們可以挑選肉質，改選多一點油脂的區塊，類似五花肉或三層肉，用油脂包覆住瘦肉的乾澀感，這樣除了味道之外，質地上也能取得平衡，對處女座創作者的我來說，才是完整作品。

茶款創作篇
設定風味目標——白露

5.14

Thinking | **Doing** | *Making*

以拼配讓茶達到風味與質地的平衡

　　白露的設定是以拼配技術去完成，必須選擇單寧足夠的原物料，而且發酵溫度不能太低，心中設定的風味主幹是使用育誠的青心烏龍，在秋天日照及溫度都足夠的環境下，製作出成熟度高且發酵度足夠的茶菁原物料，這樣才會適合高烘焙度的精緻工序。再使用當年度的冬茶來延伸整體香氣的細緻度，增添後段綿密的花香及粉甜感，以及冬茶柔軟的果膠質包覆著秋茶較乾澀的主幹，達到風味與質地的平衡。

　　有了去年特製冬茶的經驗，這次討論的結果，也是使用長時間萎凋及發酵來製作，但發酵溫度比起冬天更為溫暖。在中溫的發酵環境下，茶葉的發酵成熟度自然就提高許多，可輕鬆地做到黃色水果、甚至接近紅色水果的風味調性，當然這是想像中的風味目標。

■ 白露‧質地設定圖

第一層
第二層
第三層
第四層
第五層

運用拼配技術堆疊出多層次的質地表現。

第一層：冬茶茶芽，蓬鬆圓潤

第二層：冬茶成熟葉，圓潤

第三層：秋茶茶芽，黏稠

第四層：秋茶成熟葉，粗澀適中

第五層：冬茶乾冷，輕微乾澀

從「烏龍茶」認識風味創作、萃取變化

　　用青心烏龍秋茶當主要原料，接下來得等待其他「原料拼圖」進來。這款冬茶製作，一樣以特製的概念作處理，依照去年的製作方式（可參考「若芽」的製作 ）再稍作微調，這次把大浪的時間拉得更久，因為冬天的發酵環境過於低溫，只好在大浪時增加茶葉破損的面積、但又不至於受傷，輕輕的大浪約30至40分鐘後，再靜置發酵5個小時，而這次整體風味比較像是熟成的蜜桃，冬茶特有的粉甜感就像蜜桃皮的絨毛感，而鬆軟的果膠質則像蜜桃果肉般綿密又細緻，茶葉好了，接下來就是精製工作了。

以長時間特別製作的高度萎凋，葉片失水後的纖維會變軟，這樣才算是走水完整。

　　白露這支茶款主要是以精製的手法創作出完整風味，運用各種烘焙、熟成、拼配的技術，做出燉煮水果、沉穩花香、桂花蜜、焦糖的台灣傳統烏龍茶風味，又想呈現有別於傳統烏龍厚重、苦澀的既定印象，以熟成概念作出平衡與細緻的作品。

　　基於這個目標，必須先設立幾個重點，首先要達到細緻平衡，就必須使用各種不同質地結合出多層次的本質表現。建構立體的骨架、肉心的飽滿、以及鬆軟綿密的外層，接下來原物料的品質一定要好，再來發酵度、成熟度必須足夠，關於這一點其實在前面已經講述得非常清楚，然後具備有可存放、轉換的潛力才行，也就是下面三個要點整理：

　　要點一，骨架立體、肉心飽滿、外層綿密鬆軟。

　　要點二，有別於傳統凍頂烏龍的厚重，做出整體平衡細緻感。

　　要點三，可存放、有轉化潛力。

　　準備開始烘焙白露，9月時，育誠把製作好的毛茶送來，按照往例先進行杯測，如同預想中的風味表現，有做出新鮮黃色李子果肉的香甜感，秋茶本身厚重的單寧感讓整體風味的立體度提高許多。

從「烏龍茶」認識風味創作、萃取變化

茶款創作篇
擬定烘焙企劃──白露

5.15

Thinking : *Doing* : *Making*

　　剛做好的毛茶難免會有些熱風乾燥的香味，造成表皮乾澀感明顯，不要緊，原先就預設需要回潤5至7天再做第1次乾燥，過了7天準備做第1次乾燥之前，總是得先把瑕疵篩選出來，蟲蛀、老葉、茶梗、這些對茶葉風味會造成影響的異物，盡量都挑選掉。

　　第1次初步乾燥，使用小火，約70°C即可，先去除茶葉雜味、水氣，這時需特別注意香氣變化。焙籠乾燥至無香氣時，即可翻動茶葉、繼續乾燥，反覆翻動至香氣完全消失，第1次的乾燥就完成了，將茶葉裝進袋子裡、確實將空氣擠出、綁緊後靜置，等待冬茶到來。

　　同樣採用特殊製程的冬茶，發酵溫度相較於秋茶更低，風味以紅色梨子、蜜桃、梔子花的香氣為主，冬茶特有的粉甜在上顎到鼻腔，清晰而亮麗，鬆軟的果膠質讓茶款的質地有如鵝絨般、帶有空氣感，同樣完成乾燥後、再回潤靜置。

從「烏龍茶」認識風味創作、萃取變化

焙籠加熱。

透過拼配，讓一支茶的風味更完整

材料都到齊了，使用60％秋茶加入40％冬茶做測試，以冬茶柔軟細緻的果膠質包覆秋茶立體的骨幹，使整體平衡感更完整。但此時，我忽略了軟嫩黏稠的甜感，可填補各種風味的空隙。

接著把兩款原物料分開乾燥至焙乾為止，反覆經過5次左右烘焙，秋茶與冬茶從內到外都確實焙透了，發現鮮甜風味消失了，各種花果香因為缺少了鮮甜味串接在一起，變得分開又獨立，再加上乾燥後的青心烏龍，反而使品種本身的纖維感更加明顯。於是，開始思考該如何解決這樣的風味缺陷，剛好倉庫裡有一包育誠的金萱春茶，金萱春茶有如油脂般的黏稠質地，發酵度也足夠，就像是金黃芒果般的鮮甜黏稠感，於是我決定再添加20％的金萱春茶，調整作品的配方比例。

調整後的配方為：青心烏龍秋茶50％、冬茶30％、金萱春茶20％，利用金萱軟嫩黏稠的質地及芒果般的甜味，串起每一個風味角色，並且增添入口前段的厚實感與黏稠感。

配方定案後，接下來就是反覆烘焙、靜置、熟成，到了隔年4月，3款原物料終於完成焙清，茶乾的纖維質與密度一定會因為產季、品種不同而改變，所以原物料必須分開乾燥、焙清、焙透，完成之後再依照比例做混合與拼配，並且將過小的顆粒全部篩除，目的是讓茶乾的大小顆一致，才不會發生較小的顆粒被大顆粒壓在下面的現象，尤其是三方拼配，更容易造成取樣不均勻。

好，開始加溫烘焙吧！

從「烏龍茶」認識風味創作、萃取變化

將烘焙溫度提升至105°C，開始了烘焙
工序，準備讓茶開始產生梅納反應、一層
層地往上堆疊，同樣第1次開始焙火時也
需要特別留意香氣的變化，而判斷的點跟
焙清不大相同，這次是判斷茶乾是否有產
生焦糖化的味道。當茶乾表面過於乾燥，
又再繼續烘焙時就會產生梅納反應，此時
香氣變化會從乾淨開始轉化成甜香，甜香
結束時即可準備翻茶。

一次烘焙約反覆翻動6至8小時，到整
體甜味均勻即可關火休息，茶經過中溫
烘焙後，所需要靜置休息的時間更長，
約15至20天才能完成回潤。此時需確保
回潤空間的溫濕度及空氣的乾淨度，讓茶均勻回潤，深怕在回潤時濕
度過高，而讓表皮吸水過快，產生受潮的潮味或油耗味，而20天後就
可再次烘焙。

第二次焙火，將溫度調高至110°C，同樣判斷甜度變化是否均勻，就
這樣反覆烘焙，把梅納反應產生的甜感一層層包覆進去，讓整體風味
的前中後段都可以用「甜」來抓住。反覆烘焙與回潤6次，最後溫度以
130°C收尾，此時茶葉表皮已有如蜜糖般香甜的風味了，湯色也從金
黃轉為琥珀，溫火慢焙所產生的湯色並不會像熱風高溫般的黑褐色，
而是鮮亮的琥珀、紅褐色，而且茶湯顏色是均勻透亮的。說到這邊，
白露創作有兩個關鍵點：

從「烏龍茶」認識風味創作、萃取變化

第一，茶經過長時間的乾燥與烘焙，導致茶葉外皮結構、纖維、單寧是高的，而且一定會有木質調的表現。

第二，原物料主體架構是秋茶，所以相對地單寧感更重。

這也是我堅持要加入冬茶與春茶修飾的原因，能平衡整體香氣與質地表現，而又同時具有黏稠與鬆軟的果膠質，來包覆著強壯的主體結構，運用質地做到風味平衡。烘焙完成後，就可以靜置回潤，預計熟成1週後即可包裝。

■白露‧完成風味圖

第一層
第二層
第三層
第四層

反覆烘焙與熟成，才能創作出均勻又平衡的傳統凍頂風味。

第一層：焙火香

第二層：焦糖甜香

第三層：成穩桂花釀

第四層：熬煮水梨

第五層：木質

從「烏龍茶」認識風味創作、萃取變化

從「烏龍茶」認識風味創作、萃取變化

白露原料，烘焙前的狀態。

白露成茶，烘焙完成的狀態。

一樣從茶乾開始判斷如何沖泡這支茶才會有最好的表現，我的想像是：希望茶湯濃郁飽滿、細緻但不厚重，所以決定了以下的沖泡方式：

第一，球型茶乾經過長時間高溫烘焙，風味紮實厚重，以這樣的工序，濃度可以調整至1g：60ml，若今天想呈現更濃郁飽滿的茶湯，則可將濃度設定在1g：50ml。

第二，茶乾顏色呈現褐色，木質香氣、火香、焦糖甜感明顯，使用高溫沖泡，確實將茶葉展開。

我選擇使用高燒節溫度的紫砂壺來呈現，確實以高溫作溫潤泡，將茶葉外皮的乾澀感去除，此時讓茶葉溫度變得均勻，靜置約5秒後，第一泡注水高溫95℃，亮麗的焙火香、梅納反應的焦糖甜香層層展開，可感受反覆烘焙以及熟成風味，甜感溫潤、成熟的焙火韻襯著甜香、帶著亮麗的乾燥桂花香，風味交錯堆疊到達鼻腔。

看茶泡茶篇

司茶萃取──白露

Thinking．Doing．Making

從「烏龍茶」認識風味創作、萃取變化

第二泡，將溫度降低至90℃，輕盈地注水、同樣避免局部過萃，金萱的黏稠感賦予了甜、而變成了糖漿感，落在舌面上的風味像是燉煮過的水梨又有點像柑橘果醬，沉穩細緻的果酸襯在甜下面，而木質感拉長了尾韻。第三泡，溫度降低至85℃，柑橘果皮、沉穩木質、乾燥花、厚重的單寧感，像是入桶的葡萄酒，既細緻又有結構、厚重又不失平衡的茶湯風味表現。

從「烏龍茶」認識風味創作、萃取變化

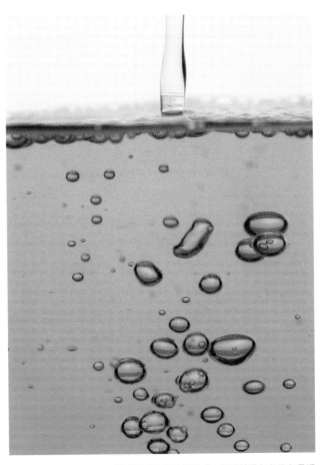

白露成熟、發酵度充足，再透過反覆烘焙與熟成，茶湯就是如此均勻且透亮的琥珀帶褐色。

茶葉保存不抽真空的原因

在茶葉保存上，我是不喜歡用真空方式做處理的，這時可能很多消費者會跳出來說：「茶葉本來不就是用真空包裝來保存嗎！」是的，茶葉本身就害怕氧氣及濕氣、甚至陽光，所以真空原理是使用電鍍或是鋁袋隔絕陽光，並且將袋中的氧氣抽掉、保持真空狀態。密合封口後，茶葉不會接觸到氧氣，在這樣的條件下，茶葉就可以長時間保存、不容易變質，但前提是溫度得正確，不可以放在過度潮濕、悶熱的環境中，因為這樣容易導致茶葉變質。

那為何我說我不喜歡真空呢？茶葉於剛製作完成時，因為乾燥脫水的工序會造成表皮乾澀，乾澀的葉子容易破碎，一但經由真空的壓力擠壓，會讓茶乾過度破碎。破碎的茶葉對於萃取者及泡茶者來說，很容易過度萃取或萃取不均勻，而造成濃度過高及產生苦澀感。

再來，剪開包裝時，茶葉失真空、壓力瞬間釋放，讓茶乾產生細微縫隙，此時空氣中的水氣容易附著在這些空隙中，這樣的茶葉更容易受潮及走味、變質產生油耗味，簡單舉例來說：乾枯的葉子受力就容易破碎，而真空的力道就有如我們抓起一把枯葉，用力地一捏再鬆開，這時手中的葉子破碎了、結構也被破壞了，就可以簡單想像茶葉於失真空後，會是什麼樣的狀態。肉眼很難看出來，但對於茶葉保存與風味上有巨大的影響。

必須有幾個條件，才能讓茶葉保存時不需抽真空，只要用陶甕、鋁箔袋確實封口即可，有3個條件：高熟成度、高發酵度、足夠的乾燥度，而具備這些條件的茶款，本身茶體也較厚實飽滿，再經過完整乾燥後，不需真空即可直接保存。但相對地，把工序做得如此完整的茶，剛烘焙完成時，風味表現一定

不好，有明顯的乾澀感，需靜置存放一段時間，風味才會慢慢甦醒轉換至完整狀態。就如同酒體飽滿、單寧充足的葡萄酒，需陳年存放，需經過5至10年，才會變成是好的狀態。

除了風味變化，對於焙茶師（精製者）來說，乾燥熟成完整的茶被真空保存後，反而會破壞茶乾結構，例如：發酵足夠的紅玉、重烘焙的烏龍茶。對於當今市場上偏好新鮮生茶、綠茶化的狀況之下，若沒有真空與冷藏保存，茶葉則容易變質。

從「烏龍茶」認識風味創作、萃取變化

「用理性建立結構，再用感性創作細節。」
——焙茶師＆司茶師 藍大誠

Appendix

附錄：將茶風味
實際帶到餐桌

TEA PAIRING
台菜／日本料理／甜點／清酒

　　「純飲」與「餐搭」的風味建構與思考邏輯是完全不同的兩件事，如同先前所提到，要將茶端上餐桌，甚至與食材完美搭配做到「Marriage」，對一位沖泡者來說是個大考驗。通常，酒類在裝瓶時就已經決定了酒款的味道，釀酒師與杜氏會先以餐搭的概念出發，釀造出適合搭餐的酒款，設計出可凸顯在地食材風味的酒款。適合餐搭的酒款大多不是知名品牌或是高端酒款，反而是以地方風土特色或「地酒」居多，配合當地飲食習慣而創作出適合搭餐的風味作品。

　　回到茶本身，茶在搭餐上考驗著司茶師及沖泡者對風味的理解，相較於純飲，完全是換了位置就換了腦袋的概念，需跳脫單品、品飲、品味的思考邏輯，運用各種沖泡手法，從水質挑選、茶款選擇、設定濃度、萃取範圍到運用各種萃取技巧，與搭配對象做到完美結合才行。除了製茶者與焙茶者之外，司茶師、侍茶師也是風味創作家。搭餐的專業不能侷限於茶，對於茶的各種變化與食材的烹調方式、食材、醬料，都必須透徹理解才能做到精準搭配。

茶搭台菜——談梅納反應、鑊氣

　　台菜是多種食材與不同烹調方式的結合，像是燜蒸、汆燙、燉煮、乾煸、大火快炒等，其中我最喜歡以中華鍋大火快炒的料理，鑊氣（鍋氣）、醬汁與食材本身的味道結合，有著令人無法抗拒的魅力。大火快炒的鑊氣，與茶葉烘焙產生的火香，都是「梅納反應」的堆疊。

　　使用中華鍋大火快炒是考驗廚師對火候及食材的理解，若火候控制得當、水分收乾、鍋氣明亮、醬汁揮發在食材上，咬一口後，醬汁與食材的香氣充分結合，又帶有肉汁；相反地，若火候控制不當，就會發生醬與食材分離的現象，或者太水、或者太油，相信愛吃熱炒的朋友們一定都有這樣的經驗。

　　以同樣的概念看待茶，火候若控制不好，就會發生茶沒有焙透、沒有焙熟，水味與茶香明顯分離，或者焙得過焦，茶葉表面會產生碳化焦香，放久了也會有油味。在火候的變化上，焙火茶與鍋氣是相同的邏輯，有好的原物料、才有辦法經得起如此極致的處理方式。

花雕遇見櫻桃鴨×紅水冬片

　　使用櫻桃鴨、醬、蔥段，再以花雕酒調味。櫻桃鴨油脂豐富，熱鍋後加入蔥段、醬汁爆炒，讓油脂與醬汁巴在鴨肉上，最後再加入花雕酒提味。同時有紅肉、油脂、醬香與發酵香，使用紅水冬片來搭配。

　　近5成高度發酵度的冬片，焙火至傳統紅水火候，讓果酸沉穩火香明亮，是與大火快炒的鑊氣結合的完美組合。茶湯成熟的果酸使得鴨肉更清甜，又勾起蔥段及花雕酒的香味，以茶來襯托食材風味。醬香與果香同時會將鴨肉、蔥段、花雕酒的香氣帶到鼻腔，茶再把醬香稍微拉廣，使整體風味變得平衡、不膩口。

附錄：將茶風味實際帶到餐桌

醬爆三鮮 × 若芽・四分火

　這道菜類似台南炒鱔魚的作法，以海鮮、五花肉片、蒜苗，加一點醬再些許醋、打薄勾芡，然後以大火快炒的方式處理。風味是飽滿的海鮮鮮甜、薄薄的醬香帶點醋酸，鑊氣增添了許多香氣層次。

　配上若芽四分火的茶湯，四分火獨特的焦糖香，與醬汁的鮮甜、勾芡結合，將不同的甜感堆疊到另一個層次。冬茶特有的粉香拉長了甜感與韻味，中段緊接而來的，是沉穩的果酸甜感與醋酸揉合，更突顯海鮮的鮮甜香氣。是個非常平衡的組合，同時結合了醬汁、火候還有質地表現，又彰顯了食材的鮮甜。

附錄：將茶風味實際帶到餐桌

膳馨民間創作料理
📍 台中市西區存中街21號
☎ 04-2372-1650

茶搭日本料理——談魚熟成技術

熟成是經驗與技術的積累，常運用在料理與飲品上，常見的有魚類熟成、肉類熟成、醬料熟成、酒類熟成等，而紅茶也是需要熟成1年，風味才會變得更穩定。熟成對於風味變化，無論是食物及飲品都是一樣的，熟成時水分慢慢流失、甜度增加、口感變得更溫潤、刺激感降低，所以我選擇使用熟成的魚類搭配熟成的茶款。

以往搭配的師傅，大多喜歡使用在地的魚類配合捕捉季節、魚肉狀況、以及最適合的方式熟成，並以細緻的刀工精準呈現出每一塊生魚片，海鮮當中都帶有特殊的琥珀酸與紅茶沉穩的酸感，剛好可以搭配。

照片裡的魚片，順序由上至下分別為熟成一天、三天、五天的顏色變化。

炭烤熟成午仔魚一夜干×金萱紅茶·夏至

　　午仔魚有充分的油花，經過熟成後肉質變得Q彈，飽滿的油花與細緻
軟嫩的肉質在嘴中融合，是一款經典的一夜干菜色。搭配上熱沖夏至，
夏至特有的紅糖熟成甜香有點類似義大利風乾葡萄酒Appassimento，
飽滿又不膩的香甜，與午仔魚肉質軟甜結合成多層次的甜感，夏至中段
熟柿子的香氣與沉穩的果酸，襯托細緻的油脂，變得更香甜了，同時稍
微去除腥味，是一款以互相襯托至風味平衡的組合。

熟成鮭魚菲力×日月潭紅茶‧紅玉

　　鮭魚菲力肉質鮮甜軟嫩、油花均勻分布，不管是口感及香氣都是鮭魚最上等的部位。經過幾天熟成後，鮭魚肉香更集中鮮甜了，同時肉質變得軟綿。

　　選用冷萃紅玉來搭配，肉質熟成的甜與紅玉的甜感堆疊在一起，細緻油花與紅玉熟成的香甜，加上紅玉特有的肉桂與薄荷香氣，交融起來有類似香料奶茶的特殊風味。茶湯中沉穩的果酸更襯托出魚肉的香味，大葉種帶來的黏稠膠質以及熟成後的鮭魚菲力肉質軟嫩；以低溫冷萃的茶湯讓肉質更有嚼勁與彈性，是平衡搭配的絕佳組合。

附錄：將茶風味實際帶到餐桌

僖壽司
📍台中市北區博館二街51號
☎04-2319-6669

茶搭甜點──談多層次工序堆疊

　　茶搭甜點是最常見的組合，在日常的下午茶時光裡，坐在咖啡店裡品嚐甜點時總會搭茶或咖啡，或是餐後上甜點時也會同時附上茶或咖啡，此時大多是以「Refresh」的概念出發，茶湯是為了解甜解膩並使甜點更清爽。從風味的角度來看茶與甜點，其實非常容易達到 Marriage。

　　甜點與茶一樣，講的都是原物料質地的變化，再加上製作工序所堆疊出風味的結合體。從原物料來舉例，蛋、奶就如同茶菁、茶葉，而麵團發酵與茶葉發酵概念也相同；先蒸烤讓麵粉熟透的過程，就像是利用殺菁讓茶菁內部水分沸騰，而讓茶葉熟透，最後再做烘焙的動作，就如同做甜點會以高溫烘焙產生焦糖化，增加質地跟風味的層次表現。

273

焦糖香草布丁×宇治の昔

　　甜點師使用小農的雞蛋、頂級法國鮮奶油，慢慢攪拌、蒸烤而成這款香草焦糖布丁，再加入大溪地的香草籽點綴，讓香氣層次更豐富。布丁本體質地軟綿，咀嚼在口中時蛋香與奶油香慢慢化開。如此軟綿的質地讓我聯想到宇治抹茶的軟綿、茶感飽滿，而且工序又一樣都是利用蒸氣，可以想像布丁與抹茶一定有火花。

　　用點茶的方式讓抹茶有著綿密的氣泡，使得布丁體增添了多層次的口感。抹茶的青草香氣與香草莢堆疊交錯，沿著上層到鼻腔。抹茶中段是飽滿的奶香與茶感，在口中把蛋香與鮮奶油的香味同時放大。待茶香慢慢入喉，蛋香、鮮奶油與抹茶的茶香結合在一起慢慢嚥下去，香氣變得均勻，同時茶感又平衡掉焦糖的微膩感，讓整體風味更細緻、爽口。

附錄：將茶風味實際帶到餐桌

檸檬瑪德蓮×玉山蜜香紅茶‧蜜夏至

　　我喜歡將瑪德蓮靜置在常溫3至5天之後再吃，整體的濕潤與鬆軟感會比剛烤好得更平衡。甜點師好友製作的瑪德蓮外層有檸檬糖霜，內餡中加入了糖漬檸檬，一口咬下，外層的檸檬糖霜微微酥脆，接續到內層鬆軟蛋糕體，接續著又有糖漬檸檬的咀嚼感，整體質地非常豐富。

　　搭配上蜜香紅茶，紅茶前段多層次的甜感與糖霜結合，再加上檸檬糖霜尖潤的酸，使前段的口感變得酸甜多層次。走到中段，夏至特有成熟水果酸感讓蛋糕體變得更清爽，同時又可凸顯糖漬檸檬的酸甜。到了尾端，糖漬檸檬皮的精油香在與金萱紅茶特有的橙皮香味堆疊慢慢到鼻腔，鼻腔餘韻很滿、口腔是清爽舒服的酸甜。

附錄：將茶風味實際帶到餐桌

茶搭清酒——談發酵堆疊

　　清酒的整體風味結構與茶最相像，原物料只有米、水以及米麴，同樣是水與植物纖維的結合，兩個不同質地堆疊在一起。精米步合（米研磨）的概念，如同茶葉的採摘等級；清酒發酵也與茶葉發酵溫度的風味變化類似。再來，上槽過濾與茶葉萃取概念相同。從原物料質地變化與製作工序堆疊，基本上與茶葉的邏輯一樣，再配合上不同風土、文化條件所造就的地酒與地方特有茶款相同，所以清酒在風味變化的堆疊與茶幾乎一樣。

　　當今杜氏會釀造花香、果香主調性、果酸明亮的新派熏酒，傳統派喜歡呈現「米」的原物料調性，就如同當今茶市場上，大多數消費者喜歡花果香豐富的茶款，而較傳統的品茶者喜歡茶質、茶味厚實飽滿的風味調性。清酒與茶，從原物料的本質、發酵工藝、萃取方式、甚至市場喜好都最類似，在搭配上更容易做到完美Pairing。

　　對我來說，茶是志業也是事業，但已較難像一般品茶的朋友，容易在茶風味中得到驚艷與滿足，所以轉而在清酒中學習更多工序變化與堆疊邏輯，再運用在茶葉製作上。因為對清酒太有興趣了，還考取國際清酒唎酒師的專業認證，接下來就一起了解Tea&Sake Pairing的有趣之處吧。

三諸杉Dio Abita × 若芽・清香型

　　這款酒本來就是自己的喜愛，有著清爽細緻又平衡的結構，帶點麝香葡萄沉穩的甜感，果酸明亮、乳酸圓潤，使用奈良三輪山的伏流水與山田錦精米步合至55%，並加入熊本酵母，低溫發酵釀造出13度的原酒。以一般清酒的酒精濃度標準，13度算偏低，杜氏賦予了它明亮細緻的果酸，補足了風味平衡。

　　明亮果酸、又有軟甜細緻的質地，我選擇使用清香型的若芽與此酒款搭配，麝香葡萄果肉與梔子花，兩種不同類型的甜香，在口腔上層交錯堆疊直到鼻腔，細緻的果酸與茶味結合，呈現出類似青梅、脆梅的酸甜。茶與酒的果酸堆疊在一起，再以酒的乳酸包覆住，變得軟綿細緻，一直延伸到兩頰，開始慢慢生津，入喉是甜而不膩的清爽棗子甜感，青綠色葡萄皮與梔子花香在口腔慢慢化開而到達鼻腔，是由兩款不同飲品所創作出的味道組合。

山形正宗 · 赤磐雄町 2017 × 玉山熟香烏龍 · 白露

　　山形正宗2017，這款酒是水戶部酒造純米吟釀的代表作，採用杜氏情有獨鍾的雄町酒米，而岡山縣赤盤又是雄町最好的產區。水戶部先生有著許多不肯妥協的堅持，對於酒米的來源，有八成都來自於自家耕作或者契作，對原物料的重視與堅持，與我做茶的理念相同，茶菁才是最重要的根本。雄町結構扎實、特有的豐郁果香與旨味共存，以生酛的方式製作並低溫熟成，僅採取最佳表現的酒槽成品裝瓶。風味厚實飽滿，剛開瓶時略為單調，但稍微醒酒後就能感受到這款酒的無窮魅力，一入口是乾淨、輕盈、圓潤的旨味，乳酸襯著米香慢慢帶出滿飽的香草冰淇淋、彈珠汽水，後段到鼻腔像是麻糬的甜感，吟釀香慢慢在喉頭與鼻腔化開，我選擇用「白露」來跟赤盤雄町作搭配。

　　四分火左右的白露，焙火的香氣與堅果甜香，溫潤又沉穩，焙火的香甜感將赤盤雄町低溫熟成均勻的旨香跟米甜往上提升，酒的香氣與細節更清楚地綻放，就馬上回想到類似在京都吃到現烤的白玉糰子，又有點像烤過的麻糬，同時焙火的香氣也讓米香變得更張揚，低溫發酵的釀造技術，讓米維持清爽細緻的香氣，並沒有任何發酵味產生。就像我們熟知香草冰淇淋與彈珠汽水的協調感一樣，白露那如同果醬般的甜感結合，就像是將白玉糰子刷上一層輕薄的甜醬油，是個會讓人眼睛一亮的結合。

冉冉而升，緩緩而行

品飲最純粹的極致風味

Tasting fragrant tea and meeting friends with tea—boiling water, sencha, drinking tea, drinking tea—form a leisurely tea tasting experience. The tea soup made with your heart will definitely feel sincere, sweet and pure. The heat of cooking is rising, the tea color is clear, the light and shadow intertwine to form a bright landscape, or a pot of hot brewing, or the clear nectar, are all immersed in it, and you can feel the aroma. Taking the fragrance of tea as an introduction, experiencing the calmness and washing of the space, confiding in the field, leaning on the low table to create tea affair, and achieving a moment of tranquility in life.The heat of cooking is rising, the tea color is clear, the light and shadow intertwine to form a bright landscape, or a pot of hot brewing.

ZEN
ZEN 冉冉茶事
THÉ

台中市南屯區大墩路589號　　04 2320 3068　　最純粹的品飲服務

茶風味學

焙茶師拆解茶香口感的秘密，深究產地、製茶工序與焙火變化創作

taste
T
02

作者	藍大誠（部分圖片提供）
插畫	藍聖傑
攝影	王正毅
美術設計	TODAY STUDIO
選書人（書籍企劃）	蕭歆儀
責任編輯	蕭歆儀
出版	境好出版事業有限公司
總編輯	黃文慧
主編	賴秉薇、蕭歆儀、周書宇
行銷總監	祝子慧
會計行政	簡佩鈺
地址	10491台北市中山區松江路131-6號3樓
粉絲團	JinghaoBOOK
電話	(02)2516-6892
發行	采實文化事業股份有限公司
地址	10457台北市中山區南京東路二段95號9樓
電話	(02)2511-9798
傳真	(02)2571-3298
電子信箱	acme@acmebook.com.tw
采實官網	www.acmebook.com.tw
法律顧問	第一國際法律事務所 余淑杏律師

國家圖書館出版品預行編目（CIP）資料

茶風味學：焙茶師拆解茶香口感的秘密，深究產地、製茶工序與焙火變化創作／藍大誠著. -- 初版. -- 臺北市：境好出版事業有限公司出版：采實文化事業股份有限公司發行　2021.05　288面；17×23公分. --（taste）
ISBN 978-986-06215-8-7（平裝）
1. 茶葉　2. 茶藝

481.6　　　　　　　　　　　　　110004477

定價	560元
初版一刷	2021年5月

Printed in Taiwan

特別聲明：有關本書中的言論內容，不代表本公司立場及意見，由作者自行承擔文責。

TEA FLAVOR